U0315321

顶板水害威胁下
“煤-水”双资源型矿井
开采模式与工程应用

申建军　武强　著

北京
冶金工业出版社
2019

内 容 提 要

本书以兴源矿和锦界矿松散含水层下薄基岩区开采为工程背景，研究了不同开采模式的可行性及相应的基础理论，介绍了基于顶板水害威胁下的“煤-水”双资源型矿井开采模式，可实现煤矿区防水、治水、疏水、排水、供水的统筹规划，既能防止水资源浪费、解决矿区供水紧张，还能保护和改善矿区生态环境。

本书可供采矿工程、安全工程、地质工程等领域的科研人员、现场工程技术人员阅读，也可供高等院校相关专业师生参考。

图书在版编目(CIP)数据

顶板水害威胁下“煤-水”双资源型矿井开采模式与工程应用/申建军等著.—北京：冶金工业出版社，2019.4

ISBN 978-7-5024-8044-8

Ⅰ.①顶… Ⅱ.①申… Ⅲ.①煤矿开采—研究 Ⅳ.①TD82

中国版本图书馆CIP数据核字（2019）第056727号

出 版 人 谭学余
地　　址 北京市东城区嵩祝院北巷39号 邮编 100009 电话 (010)64027926
网　　址 www.cnmip.com.cn 电子信箱 yjcbs@cnmip.com.cn
责任编辑 宋 良 美术编辑 郑小利 版式设计 孙跃红
责任校对 郑 娟 责任印制 牛晓波
ISBN 978-7-5024-8044-8
冶金工业出版社出版发行；各地新华书店经销；三河市双峰印刷装订有限公司印刷
2019年4月第1版，2019年4月第1次印刷
169mm×239mm；8.75印张；167千字；129页
36.00元
冶金工业出版社 投稿电话 (010)64027932 投稿信箱 tougao@cnmip.com.cn
冶金工业出版社营销中心 电话 (010)64044283 传真 (010)64027893
冶金工业出版社天猫旗舰店 yjgycbs.tmall.com

前　言

我国煤炭资源储量居世界前列，作为煤炭消费大国，我国也是世界上生产原煤最多的国家。但是，我国煤矿床水文地质条件多种多样，矿床充水条件极为复杂，水害在煤矿重特大事故中所占比例高，已成为仅次于瓦斯事故的第二大杀手。

据统计，全国矿井水排放量达71.7亿立方米。由于矿井排水量大，昂贵的排水费用使得煤矿企业负担过重。另外，矿区的大量排水导致地下水位持续下降，煤矿区及周围地区的生产生活用水紧张；如果直接排放矿井水，则造成地表水体和地下水体污染；矿井大量疏排水易导致矿区生态环境恶化。更为严重的是，我国水资源的人均占有量仅为世界人均值的1/4，而且分布不均一，煤炭资源与水资源呈逆向分布，我国煤矿集中分布在缺水的华北和西北地区，其中70%的矿区缺水，40%的矿区严重缺水。因此，我国大部分煤矿受到顶板水害的威胁，而且在煤矿区也存在排水、供水、生态环境保护三者之间的矛盾与冲突问题。

本书基于我国煤-水资源分布特征及矿区排-供-生态环保矛盾，分析了煤层覆岩采动破坏特征与导水裂隙带高度预计，提出了“煤-水”双资源型矿井开采模式的概念与内涵，根据矿井主采煤层的具体充水水文地质条件，提出了优化开采方法和工艺参数、多位一体优化结合、井下洁污水分流分排、人工干预水文地质条件、充填开采等“煤-水”双资源型矿井开采的技术与方法，并将这些开采技术、防治方法和工程措施升华到具有理论性指导作用的模式和配套技术，以适应顶板水害威胁下“煤-水”双资源型矿井开采的要求。

本书针对安全采煤、水资源供给、生态环境保护之间的尖锐矛盾和冲突问题，以兴源矿和锦界矿为工程背景进行了研究。全书共分7章：第1章介绍了本书研究意义及主要研究内容；第2章分析了我国煤-水资源分布特征与矿区排-供-生态环保矛盾；第3章分析了煤层覆岩采动破坏特征与导水裂隙带发育高度预计；第4章建立了顶板水害威胁下“煤-水”双资源型矿井开采模式；第5章以兴源矿为例，研究了松散孔隙含水层下开采模式工程应用；第6章以锦界矿为例，研究了基岩裂隙+松散孔隙含水层下开采模式工程应用；第7章为结论与展望。

本书内容所涉及的研究工作，得到了国家自然科学基金项目（编号：41807211、41877186）和国家重点研发项目“煤矿重特大事故应急处置与救援技术研究”子课题“矿井水灾识别理论及时空演化模型”（编号：2016YFC0801801）的资助；本书的编写出版工作，得到了滨州学院博士科研启动基金项目（编号：2017Y14）、滨州学院黄河英才特聘教授启动基金项目的资助。

书中的部分素材来源于现场，特向在资料收集过程中帮助过作者的现场工作人员表示感谢；部分素材来源于作者的博士学位论文，特向作者的导师——中国矿业大学（北京）武强教授表示衷心的感谢。

在书稿写作过程中，引用了部分专家、学者的研究成果，在此一并表示诚挚的谢意。

限于作者水平，书中不当之处，诚请读者批评指正。

作　者

2018年12月

目　录

1 概　　述

1.1 研究背景及意义

我国已查明的煤炭资源储量和预测的煤炭资源总量均居世界前列，根据中国煤炭地质总局数据，我国 2000m 以浅煤炭资源总量 5.82 万亿吨，保有煤炭资源储量 1.94 万亿吨，尚有预测资源量 3.88 万亿吨。据《中国矿产资源报告》(2015)，截至 2014 年底，查明的煤炭资源储量为 1.53 万亿吨，据《中国国土资源公报》（2016），2015 年新增查明资源储量 375.4 亿吨。同时，作为煤炭消费大国，我国是世界上生产原煤最多的国家。由于我国富煤、贫油、少气的基本特点，煤炭需求量到 2030 年将达到 45 亿~51 亿吨，煤炭在一次能源中的重要地位在很长时间内不会有明显变化[1]。

我国成煤时代多，各煤田成煤时的古地理条件、沉积环境及所处的大地构造背景和自然地理条件各不相同，造成煤矿床的水文地质条件多种多样，矿床充水条件极为复杂，因此，水害事故在我国煤矿重特大事故中所占比例高，已成为仅次于瓦斯事故的第二大杀手[2]。我国华北型煤田有些老矿区开采深度不断增加，煤系基底奥灰水压达 8~10MPa 以上，河南、河北、山东等地区的部分煤矿高承压水上开采底部突水问题日趋严重。另外，我国大部分矿区普遍受（巨）厚新生界松散含水层、风化基岩裂隙含水层、大型地表水体（河流、湖泊、浅海）、大面积采空积水以及西北地区特殊的烧变岩含水层等顶板水害的威胁，有些矿井为了预防顶板水害不得不放弃大量的煤炭资源，有些矿井甚至发生过淹没工作面、采区甚至整个矿井的恶性事故，造成经济财产损失和井下作业人员重大伤亡。

长期以来，我国广大高校及科研院所学者和现场技术人员与煤矿地下水害进行了不懈的斗争，在“安全第一、预防为主、综合治理”安全生产方针的指导下，煤矿防治水工作取得了新成效，安全生产状况持续稳定好转，煤矿水害事故总量连年下降，但是总体形势依然严峻[3]。在总结历次突水淹井事故经验、教训的基础上，我国逐渐摸索和形成了一套适合我国煤田水文地质条件的防治水的技术和方法，完善了“预测预报，有疑必探，先探后掘，先治后采”的防治水原则和与其配套的“探、防、堵、疏、排、截、监”等综合治理措施[4,5]。

煤炭生产过程中，为了改善井下作业环境、保证生产安全，要常年排放出大量的矿井水，根据国家煤矿安全监察局 2012 年的调查统计[6]，全国矿井水排放量达 71.7 亿立方米，平均吨煤排水量达 2.0~4.0 立方米。由于矿井排水量大，导致吨煤排水费用大幅度提高，昂贵的吨煤排水费用使得煤矿企业负担过重。矿区的大量排水导致煤矿区及周围地区的生产生活用水紧张；当排水量和供水量大于地下水补给量时，地下水位持续下降；如果不处理矿井水而直接排放，就会造成地表水体及地下含水层水体污染；另外，矿井大量疏排水也会导致矿区生态环境恶化。更为严重的是，我国水资源的人均占有量仅为世界人均值的1/4，而且分布不均一，和煤炭资源的分布很不协调，煤炭资源与水资源呈逆向分布，存在“有煤的地方缺水，有水的地方缺煤”的局面。我国煤矿集中分布在区域缺水的华北和西北地区，其中70%的矿区缺水，40%的矿区严重缺水，煤炭工业的发展受到水资源的严重制约。

我国东部地区新生界松散层的底部发育有一层厚度不等的松散砂砾石孔隙含水层（简称“底含”），由于浅部煤层上覆基岩厚度小于导水裂隙带发育高度，长壁综采时导水裂隙带易波及“底含”，因此，在设计时浅部露头区必须留设一定厚度的安全煤岩柱。据统计，仅鲁豫皖苏四省煤矿区浅部第一水平按传统留设60~80m露头煤柱，呆滞的压煤总量就多达50亿吨，造成了煤炭资源的极大浪费。我国西部陕北地区侏罗系煤田位于毛乌素沙漠与黄土高原接壤地区，该区域年降水量仅有200~400mm，气候干旱、水资源匮乏、生态环境脆弱，而煤层赋存特点是浅埋深、薄基岩。新生代第四系松散孔隙含水层和中生代侏罗系直罗组风化基岩裂隙含水层富水性较强，在榆神府矿区局部还分布有因煤层自燃形成的烧变岩含水层，其裂隙、空洞发育，富水性较强。在上述矿区松散含水层下开采煤层都存在共同特点，即含水层富水性中等到强；基岩薄，采动后煤层与含水层之间的岩层隔水性能减弱甚至丧失，易引发溃水溃砂事故。所不同的是东部松散沉积物以砂砾石为主；而西部松散沉积物以细砂为主。若采用大规模高强度采煤法，在采掘过程中覆岩采动破坏带极易波及上覆风化基岩裂隙水和第四系松散孔隙水，因此，保水采煤是浅部煤层薄基岩区开采面临的一个典型难题。

综上所述，我国大部分煤矿受到顶板水害的威胁，在煤矿区及其周围地区也面临着排水-供水-生态环境保护之间的矛盾问题。长期以来，矿井水的焦点主要是其对煤矿建设与生产的灾害作用，因此，矿井水灾害的防治受到广泛关注；随着社会对水资源和生态资源的重视，干旱、半干旱矿区地下水资源的保护和合理利用也非常重要。目前我国缺水矿区和大水矿区还没有成体系的保水、控水、保生态的理论和技术方法，大采高条件下的保水、保地质环境、保生态系统的压力非常大。因此，如何解决华北、西北煤矿区上述三者之间的矛盾问题，是值得深入研究和探讨的。

为解决煤炭资源安全绿色开发、水资源供给、生态环保之间的尖锐矛盾和冲突，实现煤矿区水害防治、水资源保护利用、生态环境改善的多赢目标，书中提出了“煤-水”双资源型矿井开采的概念、内涵及技术方法，在此基础上形成了顶板水害威胁下“煤-水”双资源型矿井开采模式。

在“顶板水害威胁下‘煤-水’双资源型矿井开采模式”的指导下，本书以兴源矿和锦界矿松散含水层下薄基岩区开采为工程背景，研究了不同开采模式的可行性及相应的基础理论。兴源矿四采区南部薄基岩区基岩厚度小于60m，第四系底部松散含水层富水性强，补给条件良好，可疏性较差，天然水文地质条件下不再适合采用长壁综采方法，本书研究了采用帷幕注浆及短壁机械化开采等方法解放薄基岩区呆滞资源的可行性及短壁机械化开采覆岩运动规律与煤房煤柱合理尺寸；锦界矿主采煤层顶板上覆有富水性较强的萨拉乌苏组松散孔隙含水层、直罗组风化基岩裂隙含水层及烧变岩含水层，煤层埋深大部为150m以浅，上覆基岩厚度小于50m，且基岩顶部为强风化的中粒砂岩，本书通过FLAC3D数值模拟方法研究了不同开采方法下导水裂隙带发育高度，并探讨了不同开采模式的可行性。

研究保护和利用宝贵水资源的“煤-水”双资源型矿井开采模式，是矿井防治水领域发展方向。基于顶板水害威胁下的“煤-水”双资源型矿井开采模式，是实现煤矿区防水、治水、疏水、排水、供水统筹规划的有效途径，既能防止水资源浪费，又能解决矿区供水紧张、保护和改善矿区生态环境。

1.2 国内外研究现状

1.2.1 国外研究现状

1.2.1.1 顶板水害威胁下煤炭资源开采

国外在100多年前就开始了水体下采煤的实践工作，在海、河、松散含水层和基岩含水层等水体下进行了大量的工业试验。

张英环早在1975摘译了澳大利亚采矿与冶金学会新闻报道，详细介绍了日本、智利、英国等国家水体下采煤的规定及实践经验[7]。日本在水体下采煤时，防水煤岩柱的高度与煤层采厚的比值，在浅部大约为100倍，在深部约为34倍，在浅部开采时采用风力充填采煤法。加拿大也曾用长壁式采煤法或留设煤柱的方法进行海下采煤，安全条例中规定当采用长壁式采煤法时深厚比不得小于97。智利规定采用长壁式采煤法时，上覆岩层厚度不能小于140m，在断层和矿井边界处必须留设一定的安全煤岩柱。

英国在水体下采煤时为获得最大的回收率，在保护煤柱留设时主要考虑矿井排水成本与可采储量经济性的评价，有时不可避免会损失煤炭资源，减少矿井服务年限。水体下采煤时对地表水和地下水的影响主要通过以下方式：（1）开采沉陷改变地表径流方式和水位；（2）在一定条件下，促使塌陷坑的形成；（3）引起严重的矿井涌水。影响水体下采煤工作面设计的因素包括水体的大小、水体与煤层之间岩层的性质和厚度、不连续结构面和构造特征、应力分布模式、水压。早在 1968 年，英国在海底下采煤时主要按照政府依据过去的经验、开采沉陷与裂隙发育、不可预测因素的偶然性等方面制定的条约。开采方法包括：(1) 长壁式开采，当覆盖层厚度大于 105m，且石炭纪地层厚度最小为 60m 时才允许开采，海底最大拉伸变形不应超过 10mm/m；(2) 房柱式开采，当海底覆盖层小于 60m，且当石炭纪地层小于 45m 时不应该开采，煤柱的尺寸不应小于 0.1H (H 为煤层埋深)，当煤层厚度大于 2m 时，煤柱尺寸不应小于 0.1H+M (M 为采高)[8]。

煤炭科学研究总院刘天泉院士等对澳大利亚海下采煤经验进行了总结。澳大利亚主要采取以下方法：(1) 当基岩厚度小于 46m 时，禁止开采；(2) 当基岩厚度大于 46m，小于 60 倍采厚时，采用房柱式开采，煤房宽度最大为 5.5m，煤柱最小为 1.5 倍的采高或 1/10 的覆盖层厚度；(3) 当基岩厚度大于 60 倍采厚时，采用长壁法开采；(4) 在海滨区域须保留隔离煤柱。

综上，国外在海下采煤时，仅对符合一定条件的煤层进行长壁式开采，其他条件下采用充填或房柱式采煤法。各国水体下采煤的基本规定见表 1.1[9]。

表 1.1　各国水体下开采的基本规定

国别	长壁采煤法		房柱式或充填采煤法	
	最小覆盖层厚度 /m	最小含煤地层厚度 /m	最小覆盖层厚度 /m	最小含煤地层厚度 /m
英国	105	60	60	45
日本	200~300	60~100	93	
智利	150		70	
加拿大	213 或 100 倍采高		55	

英国 Wistow 煤矿，在长壁工作面开采时曾发生多起顶板灰岩含水层溃水事故，通常缩小工作面宽度可减少顶板水害威胁程度。Dumpleton 定量研究了二叠系-三叠系砂岩含水层水力性质的采动效应，结果表明：深部采矿仍然对浅部的含水层产生重要影响，采后顶板砂岩含水层的渗透系数增加了 49%[10]。

印度学者 Gandhe 等针对地表水体下压煤开采，研究了水砂充填回采巷柱式煤柱的可行性，涉及地质条件分析、地表沉陷和应变值预计、采煤方法（垮落法或充填法）设计，研究了回收煤柱时顶板的运动规律[11]。印度规定在采空区积水下采煤时需留设 60m 的安全煤柱，Singh 开发了用以探测煤柱宽度的矿山雷达系统[12]。

1.2.1.2　顶板水害防治技术

在防治顶板水害方面，国外采用疏降强排法，例如，土耳其学者 Tokgoz 基于 Modflow 软件和最优化方法对地面抽水方案进行了分析，确定了抽水井的最佳位置[13]。国外在排水时多采用自动控制的高扬程、高排水量、大功率的潜水泵，同时也采用帷幕注浆法堵截地下水的补给以减少矿井涌水。在矿井排水系统设计时，国外学者比较重视矿井涌水量的预计，常借助数值模拟软件预计涌水量以及矿井排水对地下水系统、地下水环境的影响[14-16]。

美国通过国家和联邦法律法规、工业协调和发展及政府、工业和学术界的科研，致力于减少采场岩层扰动引起的水质水量变化。为减少矿井排水对环境的影响，在采矿权审批制度中，政府通过法律法规要求必须有详细的方案和措施。预防控制矿井污水是美国倡导的优先采取的措施，包括水文平衡保持、矿井水悬浮物沉淀、岩层碱性和硫化物评价、保持碱性环境以确保硫化物的稳定[17]。近年来，地下水的环境约束和长壁开采之间的矛盾和冲突不断成为争议点。Booth 认为地下水对长壁工作面开采产生了环境约束，尽管顶板含水层的涌水在技术上可以通过矿井排水保护井下安全，但是采动引起的下沉和裂隙发育会间接地对地下水的环境产生影响，引起的降落漏斗可延伸几百米。由于地下水渗漏，煤矿企业要补偿当地居民，并且需提供可供选择的水源。由于供水水源地地下水的流失对当地居民产生了很多的影响，成为当地居民和环保组织反对长壁采煤法的普遍原因，也成为煤矿企业获得采矿权的最大障碍[18]。

南非学者 Morton 等认为，矿井排水、地下水分散转移、堵水及其组合是有效的矿井水害防治方法，其决策主要考虑最低成本；其次，在处理地下水时矿井不能不加选择地或任意地转移或封闭地下水，而应将实际矿井涌水量作为必不可少的判断指标。他们研究了矿井水文地质工作的三个阶段：（1）通过初步调查、钻孔勘探记录含水层层位以及水量；（2）研究采矿对地下水的影响以及地下水的采矿的影响；（3）实施如何减少或消除灾害，并且处理或转移可能的涌水量。第二阶段工作完成后，就能够评价地下水对采矿是否造成灾害，其可信程度主要取决于第一阶段获得的数据，如果能够引起灾害，则开始第三阶段。第三阶段可通过工业排水、计算机模拟或者已有的经验，其复杂程度取决于潜在成本和涉及的风险[19]。

1.2.1.3 矿井水处理与资源化利用

国外将矿井排水作为一种获利的手段，即将矿井水处理后作为第二资源进行开发利用，挖掘矿井涌水的经济效益，使矿井排水不再成为采煤的负担，且能取得较为可观的盈利。目前，国外矿井水利用率较高，可达到 80%~90%。例如，波兰为消除煤矿排出的污水，利用反渗透法进行了矿井水脱盐处理，产生了约 $8300m^3/d$ 的饮用水和 370t/d NaCl，实现了矿井污水零排放[20]。另外，国外一直比较重视矿井酸性水（acid mine drainage，AMD）的处理与资源化利用，科研工作者提出了多种措施避免酸性水乱排放污染地表水及导致生态环境恶化[21-26]。

1.2.2 国内研究现状

受顶板水害威胁煤层开采即指水体下采煤，我国水体下压煤储量相当丰富，早在20世纪50年代就开始了水体下采煤的研究工作和实践，积累了大量宝贵的经验和理论成果，成功地进行了河流、湖泊、水库、海域、第四系松散含水层、基岩裂隙含水层等各类水体下压煤的开采工作，我国在煤层覆岩采动破坏特征、溃水溃砂机理、顶板涌（突）水危险性评价、水体下采煤技术、保水采煤技术等方面在世界上已处于领先地位。

1.2.2.1 煤层覆岩采动变形破坏与裂隙发育特征

原煤炭科学研究总院刘天泉院士提出了长壁工作面煤层覆岩破坏的“上三带”理论[27,28]，即当采用全部垮落法管理顶板时，只要采深达到一定深度，煤层覆岩形成垮落带、裂隙带和弯曲下沉带三部分，通常将垮落带和裂隙带合称导水裂隙带（或简称“两带”）。《建筑物、水体、铁路及主要井巷煤柱留设与压煤开采规范》（简称“三下”压煤规范），将刘天泉院士提出的厚煤层分层开采“两带”发育高度预计公式以及露头区安全煤岩柱的留设理论写入规范，使得水体下采煤有了最基本的技术法规，目前国内主要以“上三带”理论作为研究顶板溃水溃砂的基础[29]。

中国科学院宋振骐院士提出“以岩层运动为中心”的实用矿山压力理论及工作面上覆岩层“传递岩梁”理论，即在采场推进过程中基本顶的每一岩梁始终能保持向煤壁前方和采空区矸石上传递力的联系；揭示了矿山压力及其显现与上覆岩层间的关系，以及随采场推进矿山压力及其显现的发展变化规律；研究了基本顶来压时刻的“支架-围岩”关系，提出了给定变形和限定变形两种基本顶控制方式[30]。彭林军等在实用矿山压力的指导下，建立了顶板控制信息动力决策模型，探讨了导水裂隙带和斑裂纹对顶板砂岩透水的影响机理[31]。

中国工程院钱鸣高院士提出了岩层运动的“关键层”理论及其判别准则（所谓关键层，是指对上覆的岩层活动全部或局部起到控制作用的坚硬岩层）；以及上覆岩层采动破断后的结构模式，即“砌体梁”力学模型；创立了视基本顶岩层为弹性基础上悬露板的力学模型；研究了关键层作用下上覆岩层的变形、离层及断裂规律，提出了关键层能够有效控制顶板突水，顶板水害发生的条件是关键层断裂[32,33]。许家林等研究了主关键层位置与导水裂隙带高度的关系[34]。王连国等以关键层理论为基础，采用强度因子作为判断坚硬岩层是否破断导水的指标，采用应变强度因子作为判断软弱岩层是否破断导水的指标，建立了一种预计导水裂隙带发育高度的力学模型[35]。

对浅埋煤层而言，近松散层薄基岩开采的覆岩结构、岩层运动规律、采动裂隙与破断特征是研究顶板溃水溃砂的理论基础。石平五等提出了薄基岩在厚沙覆盖层作用下的整体切落是浅埋煤层顶板破断运动的主要方式[36]。侯忠杰提出了浅埋煤层上覆岩层台阶状切落的识别方法和基于关键层理论的判定准则[37]。许家林等将浅埋煤层覆岩关键层结构类型分为单一关键层和多层关键层结构，其中，单一关键层结构是产生特殊采动响应的根本原因，其破断失稳是神东矿区浅埋煤层出现台阶状下沉和工作面压架等现象的原因[38]。贾明魁为研究薄基岩结构稳定性建立了两种力学模型，即“短砌体梁”和“台阶岩梁”[39]。

方新秋等认为，“砌体梁”结构的稳定主要取决于基岩厚度和上覆表土层的力学性质及厚度；并根据垮落带高度、导水裂隙带高度和基岩后三者之间的关系定义了“超薄基岩”“薄基岩”“正常厚度基岩”[40]。

黄庆享提出了以关键层、基载比和埋深为指标的浅埋煤层分类法，典型浅埋煤层存在单一关键层结构，浅埋深、厚松散层、薄基岩、基载比小，其顶板破断为整体台阶切落；近浅埋煤层存在两组关键层，厚基岩、薄松散载荷层，台阶下沉不明显。浅埋煤层可以采用以下指标判定：埋深不大于 150m，基载比 $J_z<1$，单一主关键层结构，矿山压力显现具有明显动载现象[41]。

宣以琼研究了泥岩和砂岩的黏土矿物含量低、具有典型的脆性易裂、抗扰动能力差和再生隔水能力弱等新的破坏移动特性，针对浅埋煤层薄基岩区开采的地质条件研究了上覆岩层采动破坏的“两带”高度特征[42]。李振华等利用分形几何理论建立了裂隙网络分形维数与工作面推进度、矿山压力、覆岩下沉、上三带之间的关系[43]。张通、袁亮等在压力拱假说、应力壳理论和普氏理论基础上，建立了采场裂隙带几何模型，推导出工作面覆岩裂隙带计算公式[44]。范钢伟、张东升等分析了浅埋煤层长壁开采覆岩移动与裂隙在水平方向和垂直方向的扩展与分布的动态演变特征[45]。薛东杰、周宏伟等用分形与逾渗理论定量评价了采动裂隙演化特征，揭示了采动裂隙逾渗概率随推进度的线性关系，研究了切落式破坏形成机制，提出了岩层板簧效应并分析了崩塌式切落特征[46]。高召宁等在分析含、隔水层的分布特征以及基岩层的物理力学特性的基础上，建立了计算上覆岩层层向拉伸变形的公式[47]。黄庆享研究了浅埋煤层隔水层“上行裂隙”和“下行裂隙”的发育规律，提出了以两种裂隙为指标的隔水层稳定性判据[48,49]。

1.2.2.2 薄基岩区开采顶板溃水溃砂机理

伍永平等基于泥沙起动理论和泥沙颗粒之间的力学关系给出了发生溃砂的基本条件[50]。张杰等在分析榆神矿区地质水文地质条件基础上，指出发生突水溃砂的 4 个必要条件，即富水砂层、静水压力、薄基岩和采动空间[51]。

隋旺华等研究了垮落带和裂隙带发生渗透变形破坏的类型和机制，得出了垮落带和裂隙带上覆松散土层发生从上往下渗透变形破坏的临界水力坡度与土层粒度成分、物理力学性质和裂缝尺寸的关系及决定溃砂量的因素[52,53]。许延春等从覆岩裂隙破坏发展规律及松散层砂土颗粒性质入手，建立了工作面溃砂判据[54]。张玉军等基于地下水动力学理论，建立了预防溃砂的渗透破坏临界水力坡度条件[55]。郭惟嘉等研制了采动覆岩涌水溃砂灾害模拟试验系统，以松散层下薄基岩区开采为试验背景，从覆岩破坏、裂隙扩展、通道形成等视角再现了溃水溃砂灾害孕育、发展、发生的全过程[56]。

1.2.2.3 顶板涌（突）水危险性评价

中国工程院武强院士提出了“三图-双预测法”，即顶板充水含水层富水性分区图、顶板冒落安全性分区图、顶板突水条件综合分区图以及顶板充水含水层预处理前后回采工作面分段和整体工程涌水量预测。其中，在含水层富水性分析与评价方面，以往生产煤矿大多采用抽（放）水试验成果进行单因素或双因素分析，未能充分提取有用的地质勘探、水文试验和各种地球物理勘探以及地下水长期动态观测等地学信息，“三图-双预测法”创新性地采用基于多元信息融合理论的富水性指数法，实现了对充水含水层富水性综合分区[57-59]。“三图-双预测法”在煤层顶板水害的评价及防治方面形成了一套理论体系，已被写入《煤矿防治水细则》。

范立民等选取沙层厚度、含水层富水性、有效隔水层厚度和采动空间作为溃水溃砂的关键因素，采用熵权法确定了各因素的权重，基于GIS软件构建了多因素融合的榆神府矿区溃水溃砂评价模型，对溃水溃砂危险性进行了综合分区[60]。

杨滨滨、隋旺华选取覆岩厚度、断层构造、第四系底部黏土层厚度、底部含水层的单位涌水量、煤层采高、导水裂隙带高度作为评判指标，并基于熵值法确定了权重，构造了松散含水层下开采可行性模糊综合评判模型[61]。王文学，隋旺华等选取松散层底部含水层单位涌水量、底部黏土层厚度、覆岩厚度、导水断裂带高度为关键因素建立了松散含水层薄基岩下安全开采等级评价的物元模型[62]。

孟召平等针对新生界松散含水层下开采问题，基于突水危险系数提出了顶板水害危险性评价方法[63]。宁建国等建立了包括目标含水层位置确定、最小保护层厚度确定、覆岩裂隙发育规律确定、砂质泥岩等效厚度确定和覆岩裂隙导通性判定的保水开采评价方法[64]。王忠昶等采用弹性理论获得了大平矿区采动地表裂缝深度为6.59m，根据地表裂缝和导水裂隙带之间的覆岩厚度及各组分岩性的厚度等值线，对透水安全性进行了评估[65]。

刘伟韬、张文泉等从裂隙带高度与含水层至主采煤层间距比、裂隙带顶部至含水层底界面之间岩层的渗透系数、含水层富水性、水压、地质构造等方面分析了影响涌突水等级的因素，基于模糊评判的数学方法确定了顶板涌水等级[66]。

1.2.2.4 顶板水害威胁下采煤实践与水害综合防治技术

A 顶板水害威胁下采煤实践

我国已在微山湖、淮河、小浪底水库等大型水体下成功地应用了综采、综放等采煤技术，积累了较丰富的经验。在河流、湖泊、水库下采煤时一般是根据主采煤层具体的地质条件，按照《建筑物、水体、铁路及主要井巷煤柱留设与压煤开采规范》中有关规定进行安全性评价及科学合理地留设防水安全煤岩柱[67-74]。

我国于2005年在龙口矿区进行了首个海域工作面的综采放顶煤开采工作，成功改写了我国无海下采煤的历史，也是继英国、澳大利亚、智利、日本和加拿大之后世界上第六个在海下采煤的国家。在试采之前，广大科研工作者在防止海水溃入技术、综放开采可行性、煤层开采覆岩运动规律及控制技术、灾害预警系统和安全保障体系等方面进行了充分的研究与论证，积累了较为丰富技术经验，为国家海下采煤技术标准的制定奠定了基础[75]。

近年来，针对我国华东、华北和西北地区的新生界第四系松散含水层下压煤问题，许多矿区开展了提高开采上限的研究，即开采近松散含水层下薄基岩区传统的防水、防砂煤岩柱，取得了一系列的成果。

申宝宏根据我国水体下采煤的实践经验，用模糊数学的方法考虑含水层厚度、单位涌水量、渗透系数将松散含水层富水性划分为五类，并进一步将松散含水层分为可疏降和不可疏降两大类，针对不同类型的含水层提出了抽水疏干和放水疏干治理措施，分析了每种方法的使用条件；针对水压折减系数、残余水头及疏水引起的地面沉降进行了深入分析[76]。

众多学者从导水裂隙带发育高度、松散层的沉积特征、富水性评价、基岩厚度分布规律、松散层底部黏土层特性、风氧化带工程地质特性、安全煤岩柱的合理留设等方面入手，进行了大量的研究，安全解放了华东、华北地区松散承压含水层下大量呆滞煤炭资源，延长了矿井服务年限[77-86]。

张吉雄、李猛等采用FLAC3D软件研究了矸石充填采煤导水裂隙带发育高度的变化规律，提出了含水层下矸石充填提高开采上限的确定方法。其采用钻孔冲洗液漏失量监测法，得到五沟煤矿矸石充填采煤工作面实测导水裂隙带发育高度仅为10m。在采高小于3.5m，充实率达到85%条件下，将开采上限由-300m提高至-255m，解放了大量松散含水层下的煤炭资源[87,88]。

B 顶板水害综合防治技术

经过科研工作者和现场技术人员60多年的不懈努力，我国已形成了一套较完整的顶板水害防治理论体系与技术方法。由我国煤矿防治水领域的众多专家和学者参编的《煤矿防治水手册》对近年来防治水成功经验和先进技术进行了总结，促进了防治水工作规范化和标准化，为现场工程技术和管理人员提供了参考[89]。

武强从基础理论、井下水害超前探测（放）与监测预警、水文地质（补充）勘探与水害预测预报、矿井水害防治技术等方面分析了矿井水防控与资源化利用领域的进展、成果、挑战及存在的问题，展望了今后创新研究的重大科学问题和关键核心技术与方法及发展前景[90]。

靳德武等建立了基于“三探”、“三测”和“绕避、改造、降势、适应、隔离”五原则的矿井水害防治技术框架[91]。董书宁从充水水源特征、导水通道的性质探查入手，针对不同的水害类型，提出了煤层顶、底板水害探查技术及装备；导水陷落柱探查、治理技术与装备；采空区水探查技术、装备及防治方法；巷道穿越导水断层破碎带的管棚支护技术等典型煤矿水害的实用探测、治理技术及装备[92]。

张志龙、武强等分析了矿井水害立体防治技术体系、构成及立体性、技术体系性分类特点，按立体空间位置及软件措施、危险程度及控制措施、系统的影响要素等特征进行几种分类方法的论述，建立了矿井地表水害防治技术子体系、地下水害立体防治技术子体系，并将立体防治技术在北皂矿井海下采煤水害防治研究中进行了体系构建、分类及防治技术综合实例应用[93,94]。

赵庆彪等提出了“超前主动、区域治理、全面改造、安全开采”，“先治后建、先治后掘、先治后采”，“地面区域治理治本、井下局部治理补充”等防治水理念、实用技术和管理经验[95]。白峰青等针对特大突水治理提出了“查”“找”“定”“堵”“验”相结合的适用于地方小煤矿的技术措施[96]。

1.2.2.5 保水采煤技术研究现状

A 华北地区地下水保护与利用

武强等鉴于华北型煤矿区所面临的生态环境问题与矛盾，提出了排水、供水、生态环境保护三位一体优化理论。狭义排、供、环保结合模型只考虑排水系统的疏降效果和环境系统的质量保护，广义排、供、环保结合模型在此基础上还考虑了供水系统的供水需求；以梧桐庄煤矿为例，建立了矿井水控制、处理、利用、回灌与生态环保五位一体优化结合管理模型[97-99]。

白喜庆等通过在径流带建供水水源地，基于水位、渗流场及泉流量变化规律控制矿井涌水量和人工开采量，达到了水害防治与水资源保护利用的目标[100]。

白海波等基于绿色开采理念和采动岩体渗流理论，提出了区别于疏干开采和排供结合的煤与水共采的观点；并以潞安矿区为基地，分析了地下水系统特点，利用隔水层成功实施了矿井水资源化利用和煤与水共采[101,102]。

刘建功等针对煤矿开采导致矿区水资源环境破坏的严重问题，提出了基于充填法的保水开采理论和技术，构建了充填采煤顶板含水层稳定性的力学模型；并通过对邢台煤矿充填工作面现场实测分析，得出充填体的密实充填率只有提高到68%以上，才能保证顶板含水层的完整性[103]。

郭文兵等研究了充填工作面隔水关键层稳定性，揭示了薄基岩厚松散层下充填开采覆岩裂隙高度及其变化规律。当采高3.5m、矸石充填率为85%时，关键层未破断，隔水关键层保持完整，实测下行裂隙深5.5m，上行裂隙高6.41~11.85m，中间存在足够的有效隔水层，工作面可实现安全回采[104]。

B 西北地区浅埋煤层薄基岩区保水采煤技术

范立民首次提出了保水采煤的观点。他在“中国西部侏罗纪煤田（榆神府矿区）保水开采与地质环境综合研究”项目（1995~1998）中提出了“保水采煤”，合理选择开采区域、采煤方法和工程措施是实现保水开采的途径[105-107]。

范立民还从系统论角度提出了保水采煤的概念和科学内涵，并构建了保水采煤研究基本框架，提出了选择合理的采煤方法抑制导水裂隙带发育、隔水层再造和注浆改造隔水层等保水采煤的技术途径[108]。

张东升等基于新疆煤炭资源的赋存特征和科学开采面临的挑战，对现有厚煤层综采技术的适应性、生态环境容量制约下的高效开采技术的选择性、保水开采与充填开采的可行性以及巨厚煤层与急倾斜厚煤层综采技术的原创性等科学采矿课题的内涵、目标、特色等内容提出了初步构想[109]。

张建民等提出了“隔离层控制”原理和开采“地下水漏斗聚集”调控效应，构建了集分区设计、隔离重构、仿生控制为核心的煤-水仿生共采关键技术体系，开发了“压裂-开采-注浆”开采隔离保护工艺、地下水汇集调控关键技术[110]。

侯恩科等分析了烧变岩的分类、分布特征、水力联系和富水特征，运用数值模拟预计了采动引起的烧变岩水量损失，提出了保护和利用烧变岩水资源的三种“异地储存”途径[111]。

李文平等基于采动破裂钻孔原位压水试验、蠕变渗透性测试、水-土相互作用试验等，对新近系红土不同程度采动破裂前后及其采后应力恢复蠕变的隔水性能变化特征进行了深入研究分析，发现红土隔水性能受采动破坏后具有很好的自我恢复功能，解释了隔水性自然恢复机理[112]。李涛等采用水-电相似模拟技术模拟了采后不同有效隔水层厚度及其物理特性条件下潜水位变化规律，当采后有效隔水层为42.6m的离石黄土或21.0m的保德红土时，潜水不会显著漏失[113]。

李文平、叶贵钧等将煤层赋存条件划为砂土基型、土基型、砂基型、烧变岩型、基岩型等。针对具有保水采煤意义的砂土基型和烧变岩型条件，应研究确定保水煤岩柱合理高度；对砂基型应采取含水层采前疏排、矿井水净化利用、条带开采等保水采煤的途径；土基型和基岩型不具有保水的意义，可直接进行采煤[114]。

徐智敏等在评价生态脆弱区主要煤层顶板含隔水层结构、隔水保护层的稳定性以及受保含水层开发潜力的基础上，提出了对矿区高矿化度受保含水层水进行开发利用以实现水资源保护性采煤的途径[115]。

王双明、黄庆享、范立民等提出了将采动隔水层稳定性作为采煤方法选择的依据，当隔水层厚度小于18倍采高时，隔水层破坏；当隔水层厚度为18~35倍采高时，可采取“限制采高”等措施实现保水开采[116]。

张东升等构建了西北矿区不同生态地质环境类型生态-水-含煤地层空间赋存结构模型及上位隔水层-中位阻隔层-下位基本顶结构协同变化模型和渐序变化模型，探索了新式短壁保水采煤方法[117]。

侯忠杰等提出了浅埋煤层间歇开采保水采煤的关键是确定工作面的合理推进距离和煤柱尺寸[118]。

孙亚军等针对不同的水文地质结构类型，提出了神东矿区保水采煤的基本原则以及矿区重要水源地、厚基岩含水层、烧变岩含水层、水资源转移存储、矿井水资源化利用等保水采煤的关键技术[119]。

彭小沾、崔希民等提出了房柱式保水开采设计既要考虑留设煤柱的稳定性，又要考虑上覆岩层破坏带高度不波及上覆含水层和地表水体[120]。

吕广罗等提出了控制煤层覆岩破坏、合理布置工作面、恢复和再造隔水层等保水开采途径[121]。

蒋泽泉等提出过沟开采对水资源的影响分为地表径流漏失和汇流区地下水漏失两类，提出了治理地裂缝、筑坝引流等保水采煤技术[122]。

夏玉成等研究了煤炭高强度开采对生态潜水流场的扰动规律，提出了旨在保护地下水资源和预防矿井水害的生态潜水流场优化调控策略；研究了导水裂隙带高度与采高关系，其最大发育高度约为采高的25倍，在研究区宜采用分层限高间歇式开采技术，其判据是导水裂隙带与含水层之间存在不少于40m厚的隔水层，并对整个井田进行了限采高度的合理分区[123,124]。

刘鹏亮、张华兴等为保护榆阳煤矿第四系萨拉乌苏组含水层，开发了风积砂似膏体机械化充填采煤技术。充填材料以风积砂为骨料，以碱激发粉煤灰为胶结剂，水砂比1：1.3，采用充填站双制浆系统地下设备池模式，提出工作面充填空间整体密闭新方式[125]。

师本强、侯忠杰等研究了影响陕北浅埋煤层矿区保水开采的多种因素，提出了陕北浅埋煤层矿区保水开采的区域划分体系。当基岩厚度大于75m时，可采用长壁工作面开采法；基岩厚度在30~75m时，采用间歇式开采法；基岩厚度小于30m时，采用充填或房柱式开采法[126,127]。

张东升、马立强等基于RFPA软件研究了特厚坚硬顶板的破坏特征，鉴于上覆厚硬岩层组极易因支护阻力不足而滑落失稳产生台阶下沉，结合煤层上覆岩层中无稳定黏土隔水层的地质条件，确定了选用短壁综采工艺进行保水采煤[128]。

马立强根据神东矿区薄基岩浅埋煤层的顶板导水机理，提出了工作面快速推进、支架支护阻力的合理确定、局部降低采高或局部充填的薄基岩浅埋煤层保水开采新技术[129]。

刘玉德等将沙基型浅埋煤层保水开采适用条件划分为七类：安全开采区、长壁式保水采煤容易区、中等区、困难区，柱式保水连采连续区、间隔区、单硐区[130]。

1.3　本书研究内容

本书主要研究内容如下：

（1）结合我国煤田聚煤规律及其沉积环境和煤田水文地质条件，分析我国煤-水资源逆向分布和共生共存特征，分析我国煤矿区排、供、生态环保三者之间的尖锐矛盾和冲突存在的必然性。

（2）针对不同的水害类型及受水害威胁的程度，提出受顶板水害威胁下煤层开采亟待解决的关键技术问题；分析煤层覆岩的采动破坏特征及影响因素，总结不同采煤方法的覆岩破坏类型及特点；基于 RBF 神经网络建立综放开采覆岩导水裂隙带发育高度预计模型。

（3）提出“煤-水”双资源型矿井开采概念与内涵，进而提出“煤-水”双资源型矿井开采的主要技术与方法，并将这些开采技术、防治方法和工程措施升华到具有理论性指导作用的“煤-水”双资源型矿井开采模式。

（4）以蔚县矿区兴源矿薄基岩区为工程背景，研究薄基岩区第四系松散层底部含水层的沉积与水文地质特征；研究薄基岩区基岩厚度变化规律；建立松散含水层富水性等级评价指标与分类等级，基于可拓物元理论对底部松散含水层富水性等级进行评定与分区；研究帷幕注浆和短壁机械化开采，解放松散含水层下薄基岩区呆滞资源，实现“煤-水”双资源型矿井开采的可行性；基于“简支梁”和“固支梁”力学模型确定短壁机械化开采时煤房的合理安全跨度；研究短壁机械化开采条件下煤柱应力分布状态及煤层覆岩运动规律；基于屈服煤柱的力学特性，并在传统的安全系数设计理念中引入压力拱理论，提出极窄条带煤柱稳定性评价体系及相应的煤柱设计方法。

（5）以陕北侏罗纪煤田锦界矿薄基岩区为工程背景，基于钻孔资料及导水裂隙带高度预计，研究煤层充水含水层结构和煤层-隔水层-含水层空间赋存关系及隔水层的控水控砂能力；分析锦界矿“煤-水”双资源型矿井开采模式的可行性；煤层覆岩破坏高度控制是“煤-水”双资源型矿井开采技术的核心内容，基于 FLAC3D 软件研究长壁综采、条带开采、充填开采条件下的覆岩破坏规律和导水裂隙带发育特征，进一步研究条带开采宽度和充填体弹性模量对导水裂隙带发育高度的影响规律，进而为短壁机械化开采和充填开采方案设计提供科学的理论依据。

1.4 本章小结

本章对本书的课题背景做了介绍，分析了顶板水害威胁下“煤-水”双资源型矿井开采模式的研究意义，在查阅大量文献资料的基础上，分析了国外水体下采煤和顶板水害防治的研究现状，系统总结了国内在煤层覆岩采动破坏与裂隙发育特征、薄基岩区开采顶板溃水溃砂机理、顶板涌（突）水危险性评价、顶板水害威胁下采煤实践和保水采煤等方面的研究现状，进而制定了本书的主要研究内容和研究技术路线。

2　我国煤-水资源分布特征与矿区排-供-生态环保矛盾

2.1　我国煤-水资源分布特征

2.1.1　煤炭资源区域分布不均衡性特征

我国煤矿床分布广泛、储量丰富，除上海市外，其他省市自治区都赋存有煤炭资源，且区域分布极不均衡。从地理分布上看，我国的煤炭资源总体上受东西向展布的天山—阴山—燕山、昆仑山—秦岭—大别山构造带和南北向展布的大兴安岭—太行山—雪峰山、贺兰山—六盘山—龙门山构造带控制，具有“两横两纵”划分的呈“井”字形的分布特征。受“两横两纵”构造带控制，我国形成了9大赋煤区域，总体分布特征是“西多东少、北富南贫”[131]。

9大赋煤区域分别为：(1) 东北区，包括黑、吉、辽三省；(2) 黄淮海区，包括京、津、冀、豫、鲁、皖北、苏北地区；(3) 东南区，包括皖南、苏南、浙、赣、鄂、湘、闽、粤、桂、琼十省区；(4) 蒙东区，内蒙古呼和浩特以东地区；(5) 晋陕蒙（西）宁区，包括晋、陕、陇东、蒙西、宁东地区；(6) 西南区，包括黔、滇、川东、鄂地区；(7) 北疆分区，主要为新疆北部地区；(8) 南疆—甘青区，包括青、甘肃河西走廊、新疆南部地区；(9) 藏区，包括藏、川西、滇西地区。

2.1.2　煤炭资源成煤-聚煤特征

我国成煤时期多，聚煤时间跨度长，主要聚煤时期较为集中，包括早古生代的早寒武世，晚古生代的早石炭世、晚石炭世—早二叠世、晚二叠世，中生代的晚三叠世、早—中侏罗世、晚侏罗世—早白垩世，新生代的第三纪。其中，晚石炭世—早二叠世、晚二叠世、早—中侏罗世、晚侏罗世—早白垩世4个时期是我国最主要的聚煤时期。

2.1.3　煤-水资源逆向分布特征

我国煤炭资源赋存的另一个典型特征是煤炭资源与水资源呈逆向分布，有煤的地区缺水，有水的地方缺煤。根据中国煤炭地质总局汇总的各省（市/自治区）（不包括港澳台及上海地区）尚未利用的煤炭资源量和国家统计局公布的水资源总量（《中国统计年鉴 2015》）数据可知，我国水资源分布和煤炭资源总量不相匹配，西藏水资源总量最大，其次为四川、广西和云南；而煤炭资源主要分布在内蒙古、新疆、山西和陕西，如图 2.1 所示。可以看出，我国水资源东多西少、南富北贫，与煤炭资源西多东少、北富南贫的分布格局呈明显的逆向分布。

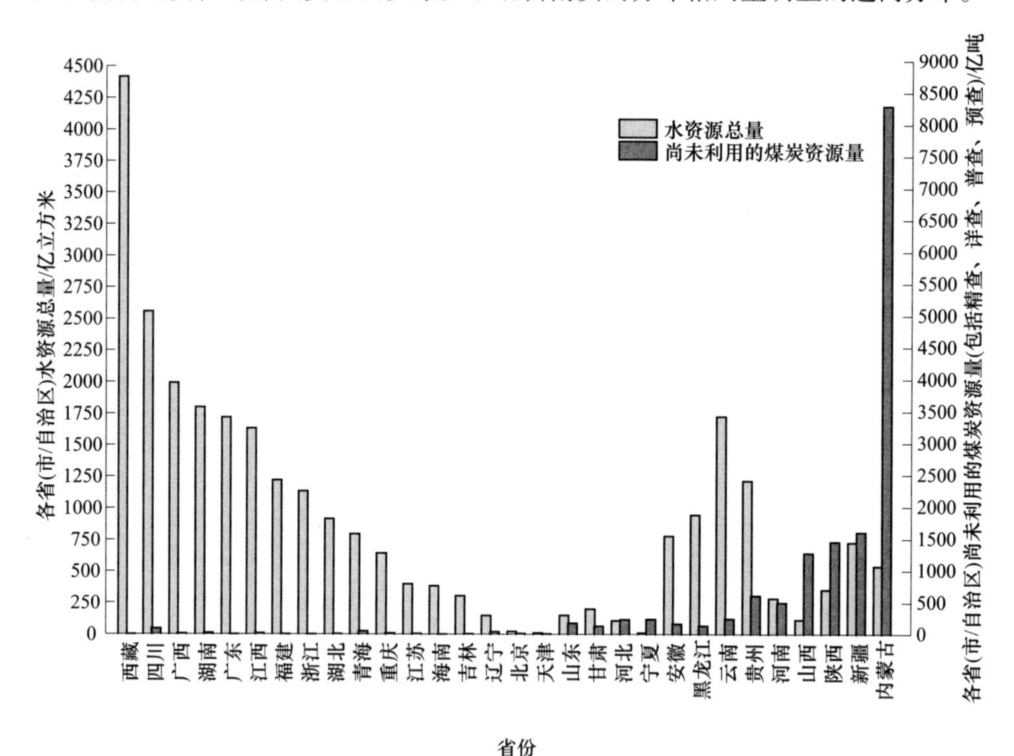

图 2.1　我国尚未利用的煤炭资源量与水资源总量对比图

我国目前已重点建设了蒙东（东北）、鲁西、两淮、河南、冀中、神东、晋北、晋东、晋中、陕北、黄陇（华亭）、宁东、云贵、新疆 14 个大型亿吨级煤炭基地（102 个矿区），如表 2.1 所示。2015 年我国煤炭产量 37.5 亿吨，其中 14 个大型煤炭基地产量 35 亿吨，约占全国总产量的 93.3%，预计到 2020 年，大型煤炭基地煤炭产量占全国总产量的 95%。然而，我国大型煤炭基地主要处于水资源供需矛盾较为突出的地区，除两淮、蒙东（东北）和云贵基地的一些矿区水资源总量相对较多外，其余 11 个煤炭基地均严重缺水，尤其是位于“井”字形中心的晋陕蒙（西）宁区，煤炭资源最为富集，原煤产量超过全国总产量的 60%，受地理位置、气候、地形及地貌的影响，这一区域水资源占有量仅为全国总量的 4.8%，其中，宁夏、山西属于极度缺水地区，陕西属于重度缺水地区，有 7 个基地的煤炭工业发展规模及煤炭资源加工转化受到水资源制约[132]。

表 2.1 我国 14 个大型煤基地 102 个矿区

区域	煤炭基地	矿区名称	个数
东北和蒙东区	蒙东（东北）基地	扎赉诺尔、宝日希勒、伊敏、大雁、霍林河、平庄、白音华、胜利、阜新、铁法、沈阳、抚顺、鸡西、七台河、双鸭山、鹤岗	16
黄淮海区	两淮基地	淮南、淮北	2
	鲁西基地	兖州、济宁、新汶、枣滕、龙口、淄博、肥城、巨野、黄河北	10
	河南基地	鹤壁、焦作、义马、郑州、平顶山、永夏	6
	冀中基地	峰峰、邯郸、邢台、井陉、开滦、蔚县、宣化下花园、张家口北部、平原大型煤田	9
晋陕蒙（西）宁区	神东基地	神东、万利、准格尔、包头、乌海、府谷	6
	陕北基地	榆神、榆横	2
	黄陇基地	彬长（含永陇）、黄陵、旬耀、铜川、蒲白、澄合、韩城、华亭	8
	晋北基地	大同、平朔、朔南、轩岗、河保偏、岚县	6
	晋中基地	西山、东山、汾西、霍州、离柳、乡宁、霍东、石隰	8
	晋东基地	晋城、潞安、阳泉、武夏	4
	宁东基地	石嘴山、石炭井、灵武、石沟驿、鸳鸯湖、横城、韦州、马积萌	8
西南区	云贵基地	盘县、普兴、水城、六枝、织纳、黔北、老厂、小龙潭、昭通、镇雄、恩洪、筠连、古叙	13
北疆区	新疆基地	准东、伊犁、吐哈、库拜	4

2.1.4 煤-水共生共存特征

我国煤炭资源赋存的另一个特点是煤-水共生共存，即煤层、隔水层、含水层（组）交互沉积，按与煤层空间位置可将影响采煤的含水层（组）分为煤系盖层松散孔隙含水层、煤系夹层基岩裂隙含水层和煤系基底岩溶-裂隙含水层。

2.1.4.1 煤系盖层松散孔隙含水层

煤系盖层松散孔隙含水层，主要由第四系及弱胶结或未胶结的古近系和新近系地层组成，岩性以粉砂、中细砂、粗砂、砾石、卵石等为主，粒度、厚度变化较大，富水性不均一。我国大多数煤炭基地主要开采中生代侏罗纪和古生代石炭二叠纪煤层，其含煤地层上普遍覆有厚度不等的新生界松散含水层。例如，我国鲁西、两淮、河南、冀中等煤炭基地主采煤层上方覆盖有200~600m的厚松散层，一般含有2~4个孔隙含水层组，松散层的底部大多发育有5~60m厚的底部含水层，简称“底含”；而我国鄂尔多斯盆地北部的陕北、神东煤炭基地主采煤层埋藏浅、厚度大、基岩薄，目前及今后相当长时期内主采煤层埋深在50~200m左右，这些矿区的新生界松散含水层直接接受大气降水和展布其上的河流、湖泊、水库等地表水体的渗透补给，形成在剖面上和平面上结构较为复杂的松散孔隙含水体。

2.1.4.2　煤系夹层基岩裂隙含水层

煤系夹层基岩裂隙含水层为煤层的直接或间接顶板，岩性以砂岩、砾岩及薄层灰岩为主，富水性极不均匀，主要取决于含水层的裂隙发育程度及其厚度，裂隙较发育、纯砂岩厚度大的区域富水性较好；反之，则富水性较差。若与上覆第四系松散层或下伏灰岩含水层有水力联系且裂隙较发育时，富水性较好。煤系夹层基岩裂隙含水层在我国煤矿床中分布十分普遍，如北方二叠纪山西组煤层和侏罗纪煤层。由于我国主要煤矿床砂岩、泥岩往往交互沉积，使得基岩含水层富水性一般较弱，因此，砂岩裂隙含水层水相对于灰岩岩溶充水矿床，其对矿井安全的威胁程度要弱得多。因此，基岩裂隙含水层水害不同于煤系基底岩溶含水层突水的突发性和溃入性，往往呈现出小→大→小的突水过程，突水后期水量会逐渐衰减。若含水层缺乏补给水源时，其动、静储量往往不是很大，井下涌水量很快变小甚至疏干。

2.1.4.3　煤系基底岩溶-裂隙含水层

岩溶-裂隙含水层补给水源充沛，岩溶发育、高水压、强富水，水文地质条件极为复杂，华北及华南地区煤炭资源开采受底板水害威胁较大。华北型石炭-二叠纪煤田，普遍缺失上奥陶统、志留系、泥盆系及下石炭统，灰岩含水层至煤层的间距一般只有几米至几十米，其间是由砂岩等岩层组成的隔水层，当隔水层较薄或在断裂构造处，其隔水能力不足，易受采掘影响形成突水通道，导致底板突水事故。华南晚二叠纪煤田一些主要矿区煤层下面也有厚达140~170m的茅口灰岩，对煤矿的安全开采亦有较大威胁。

2.2　我国煤矿区排水、供水、生态环保三者之间矛盾

随着开采强度、开采规模的加大，矿井涌水问题日益突出，矿区排水量不断增大。据统计，全国共有61处煤矿的矿井正常涌水量超过1000m^3/h，如图2.2所示。

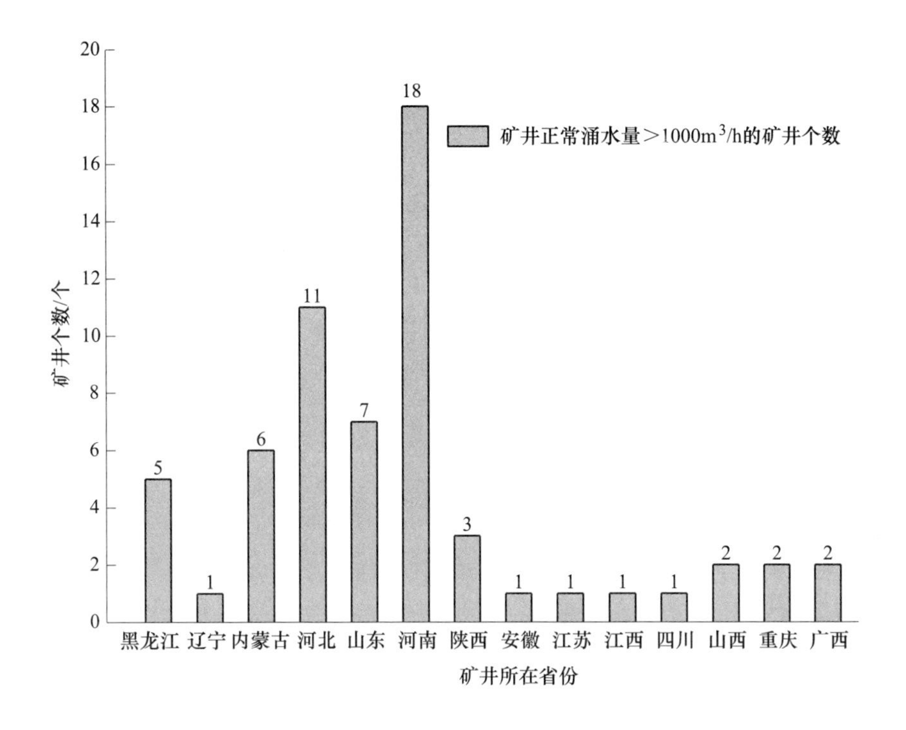

图 2.2 各省矿井正常涌水量超过 $1000m^3/h$ 个数

矿井涌水量前两位的是锦界矿和演马庄矿，矿井正常涌水量分别高达 $4900m^3/h$ 和 $4500m^3/h$，最大涌水量分别高达 $5499m^3/h$ 和 $5400m^3/h$。前者矿井涌水主要来自萨拉乌苏组潜水、侏罗系直罗组风化基岩裂隙水和烧变岩含水层；后者主要来自底板中奥陶统灰岩岩溶裂隙含水层[6]。

我国煤矿区排水、供水、生态环保三者之间的矛盾主要是由深降深、大流量疏排水和采煤引起的隔水层结构破坏造成地下水渗漏[133,134]所致。具体表现为：(1) 大面积、高强度的煤炭开采造成采矿区及周边地区地表沉陷和地裂缝，导致地表水体下渗，严重者可造成断流干涸；(2) 地下水被人为疏干或受采动裂隙影响向下渗漏，浅、中层地下水逐年被疏干，形成了区域性地下水位降落漏斗；(3) 大范围的漏斗严重影响了矿区和周围地区各类水源井的供水能力，有些水源井甚至因无水而废弃，使得矿区及周围地区的居民取水困难，从而产生排、供矛盾；(4) 深部含水层降落漏斗不断增大，在短时间内难以恢复；(5) 未加处理的矿井水直接排入地表水体中，造成河流污染，并进一步扩散和传播；(6) 矿井排水造成区域地下水位下降，植物难以生长，甚至出现土地沙漠化，进而影响生态环境。因此，在煤矿区形成了典型的排水、供水、生态环保三者之间的尖锐矛盾和冲突。

2.3 本章小结

本章分析了我国煤炭资源储量丰富、区域分布极不均衡、成煤时期多、呈“两横两纵”“井”字形分布的特征；总结了煤炭资源“西多东少、北富南贫”和水资源“东多西少、南富北贫”的逆向分布特征；分析了我国煤-水资源共生共存特点，即煤层、隔水层、含水层（组）交互沉积。我国煤-水资源的分布特征决定了煤矿区排水、供水、生态环保三者之间的尖锐矛盾和冲突存在的必然性，因此，在做好矿井水害防治的同时，还应保障水资源稳定充足供给，除满足矿区和当地居民生产和生活用水外，还应该不威胁矿区生态环境。

3 煤层覆岩采动破坏特征与导水裂隙带发育高度预计

顶板溃水溃砂灾害发生条件和机理复杂多变，影响顶板涌（突）水强度的因素也是多方面的，如覆岩采动破坏改变了隔水层的隔水性能，使得隔水层透水能力增加，严重者可引起水砂溃入采掘工作面。因此，顶板水害威胁下煤层开采亟待解决的关键问题应包括：（1）掌握威胁煤层安全开采的上覆水体性质，包括富水性、补径排关系等；（2）正确预计覆岩采动破坏高度；（3）了解上覆水体与主采煤层之间隔水岩（土）层的性质及其特征；（4）合理评价煤层开采后隔水岩（土）层的控水控砂性能。本章主要研究煤层覆岩采动破坏特征与综采工作面、综放工作面导水裂隙带发育高度的预计。

3.1 煤层覆岩采动破坏特征

3.1.1 煤层覆岩采动破坏的分带特征

采矿对煤层顶底板的破坏主要有两种（图 3.1）：一是工作面回采后，采空区上覆岩层发生破坏，形成的导水裂隙带向上扩展直至影响到顶板含水层，使上覆水体沿裂隙带涌入采空区；二是在采动影响下，底板隔水层遭到破坏，底板承压水进入采空区。本书仅研究工作面回采引起的煤层上覆岩层破坏特征。

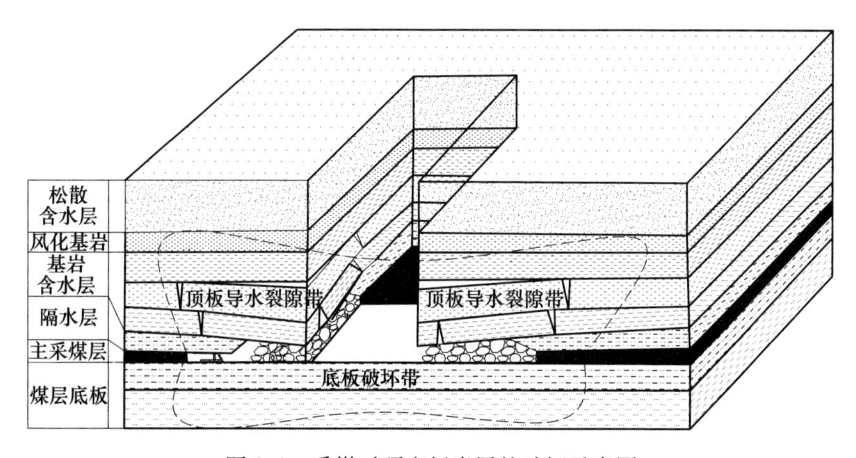

图 3.1　采煤对顶底板岩层的破坏示意图

煤层开采后，上覆岩层发生破坏，且具有明显的分带性。当开采达到一定深度时，上覆岩层形成“上三带”（自下而上称为垮落带、裂隙带、弯曲带），如图 3. 2 所示，而浅埋煤层一般只形成垮落带和裂隙带。

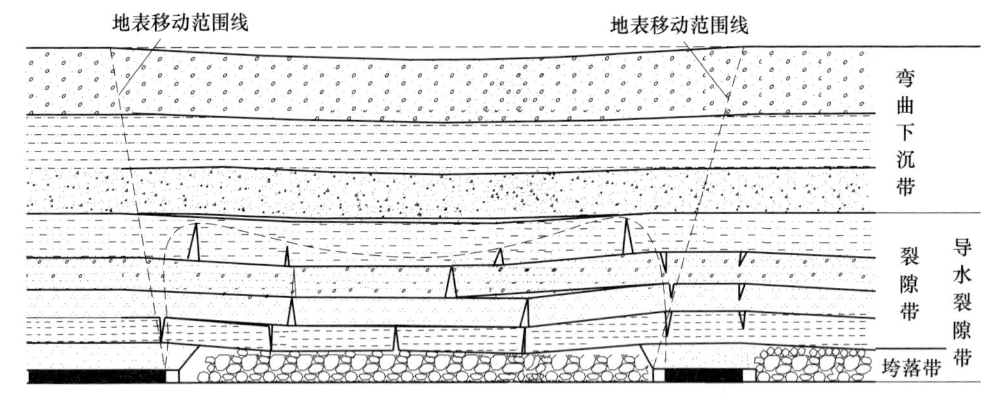

图 3. 2　上覆岩层破坏的“上三带”模型

垮落带位于覆岩的最下部，是由采煤引起力学不平衡造成的煤层直接顶呈不规则的块状掉落，直到充满采空区为止。垮落带内空隙较多，当隔水层位于垮落带内时，其隔水性能将完全破坏，垮落带是上覆水体和泥沙溃入井下的良好通道。

裂隙带位于垮落带的上方，虽然仍然能保持一定的连续性，但是垂直裂隙、倾斜裂隙及水平离层裂隙较发育且相互连通，不具有隔水能力。因此，当隔水层位于裂隙带内时，其隔水性被破坏，破坏程度由裂隙带的下部向上部逐渐减弱。当含水层位于裂隙带内时，水体涌入工作面，但泥沙一般无法透过裂隙带进入工作面。

弯曲下沉带是裂隙带与地表之间的岩层，呈整体弯曲下沉移动。弯曲带基本呈整体移动，特别是岩层为软弱岩层及松散土层时，采煤后会在地表形成下沉盆地，工作面边缘出现 3~5m 的拉裂隙。当弯曲下沉带含有隔水层时，其隔水性受到微小影响或不受采动影响，因此，弯曲带具有隔水保护层的作用。

3. 1. 2　煤层覆岩采动破坏的空间形态

对于倾角 0°~35°的水平-缓倾斜煤层，垮落带位于采空区内且呈枕形形状；裂隙带一般位于采空区边界之外而呈马鞍形；弯曲带沿走向及倾向均为基本对称的下沉盆地（图 3. 3a）。

对于倾角 36°~54°的倾斜煤层，垮落带位于采空区内且呈不对称的平枕或拱枕；裂隙带与采空区边界齐或略偏外呈上大下小不对称的凹形枕，不再具有明显的马鞍形；弯曲带沿倾向不对称下沉，上山方向较下山方向下沉量大，但若走向开采长度大，则沿走向仍为对称下沉（图 3.3b）。

对于倾角 55°~90°的急倾斜煤层，垮落带和裂隙带均为边界超过采空区的耳形或上大下小不对称拱形；当煤层倾角较大时且煤层顶底板较硬，煤层厚且松软时，沿本煤层可能发生抽冒，抽冒高度可到达地表引起塌陷坑（图 3.3c）。

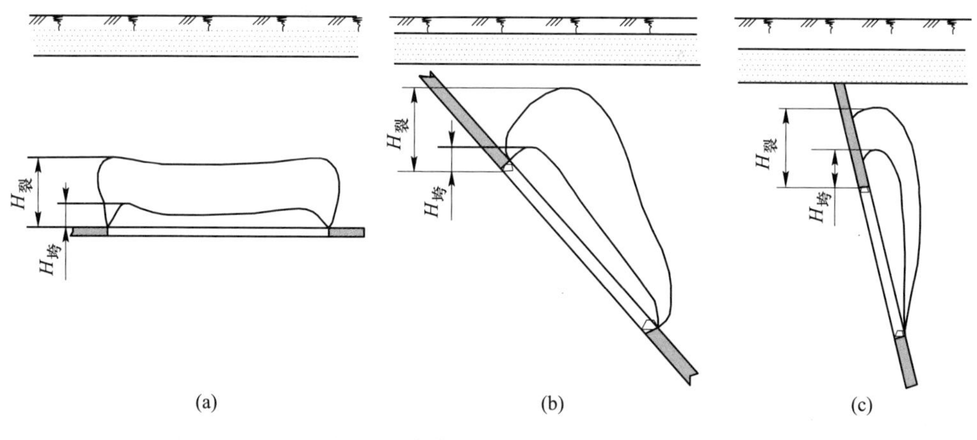

图 3.3 垮落带、裂隙带空间形态

3.2 导水裂隙带发育高度主控影响因素

影响煤层覆岩导水裂隙带发育高度的主控因素包括地质因素（煤层埋深、煤层倾角、地质构造、覆岩岩性及结构组合）、采动因素（采空区面积、煤层采厚、采煤方法和顶板管理方式）和时间因素（覆岩破坏的延续时间），如图 3.4 所示。其中，采动因素是人为控制导水裂隙带发育高度的重要因素。

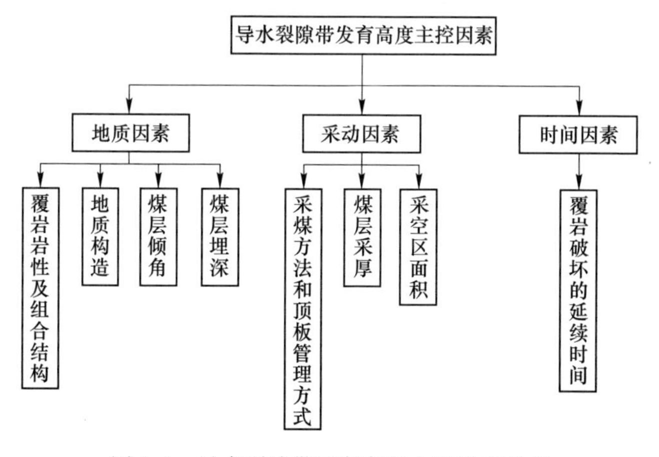

图 3.4 导水裂隙带发育高度主控影响因素

（1）煤层埋深。浅埋深薄基岩顶板在厚沙覆盖层作用下呈整体下沉而不是离层运动，来压前在煤壁前方大多形不成完全破断，当工作面推至裂缝组时，在厚沙覆盖层重载下形成剪切破断，表现为整体台阶切落[36]。因此，厚松散层浅埋煤层上覆岩层破坏只存在“两带”，易形成超高导水裂隙带。另根据施龙青的研究成果，大采深条件下煤层埋深对导水裂隙带发育高度也有一定的影响[135]。

（2）煤层倾角。煤层倾角对覆岩破坏后导水裂隙带的发育形态有所影响，随着煤层倾角的增加，导水裂隙带的空间形态由马鞍形向耳形转变。对于急倾斜煤层，还可能沿煤层发生抽冒，超过正常导水裂隙带的高度，甚至到达地表，形成地表塌陷坑。

（3）地质构造。当工作面内存在断层且处于采动影响范围以内时，断层会增加覆岩导水裂隙带的发育高度；当断层处于采动影响范围以外时，断层对导水裂隙带不起作用。

（4）覆岩岩性及组合结构。覆岩的直接顶-基本顶组合结构可归纳为四种类型：1）坚硬-坚硬型。直接顶和基本顶均为坚硬岩层，导水裂隙带高度为采厚的18~28倍，垮落带高度为采厚的5~6倍。2）软弱-坚硬型。直接顶为软弱岩层，易垮落；基本顶为坚硬岩层，不易弯曲下沉，导水裂隙带高度为采厚的13~16倍。3）坚硬-软弱型。直接顶为坚硬岩层，基本顶为软弱岩层，直接顶垮落后，基本顶很快弯曲下沉，裂隙发育不充分，导水裂隙带高度较低。4）软弱-软弱型。直接顶和基本顶均为软弱岩层，导水裂隙带的发育受到一定限制，垮落带为采厚的2~3倍，导水裂隙带高度为采厚的9~12倍。因此，导水裂隙带发育高度逐渐减小的覆岩组合类型为坚硬-坚硬、软弱-坚硬、坚硬-软弱、软弱-软弱。

（5）采空区面积。采空区面积只在工作面不充分采动时，才会对导水裂隙带发育高度有影响，但是当超长超大工作面达到地质条件下充分采动时，导水裂隙带趋于稳定。

（6）煤层采厚。在其他条件一定时，煤层采厚越大，导水裂隙带高度随之增大。在开采缓倾斜单一煤层或厚煤层第一分层时，垮落带、裂隙带高度与采厚呈近似直线关系（图3.5），对于分层开采，导水裂隙带高度与累计采厚呈分式函数关系[136]（图3.6）。

（7）采煤方法。采煤方法是控制导水裂隙带发育高度的重要因素之一，主要表现在不同的采煤方法形成不同的开采空间和引起采空区内垮落的煤和岩块不同的运动方式。

田山岗总结了不同地质和采矿条件下煤层覆岩破坏类型及其特征[137]，本书在此基础上，并结合其他学者的已有成果，进一步完善了不同采煤方法的覆岩破坏类型，见表3.1。

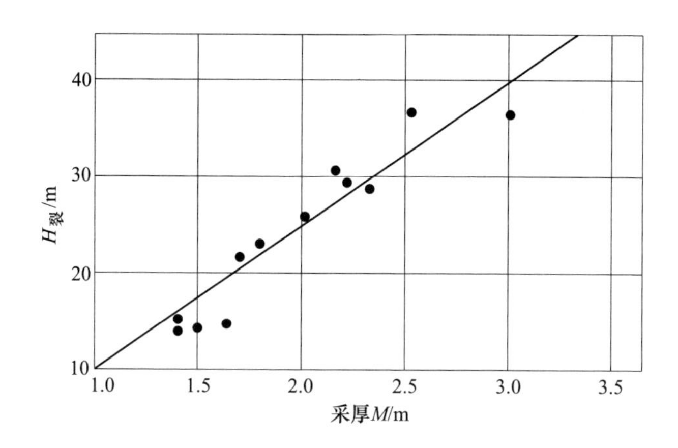

图 3.5 水平及缓倾斜煤层不分层初次开采导水裂隙带发育高度与采厚关系
（据煤炭科学研究院北京开采研究所）

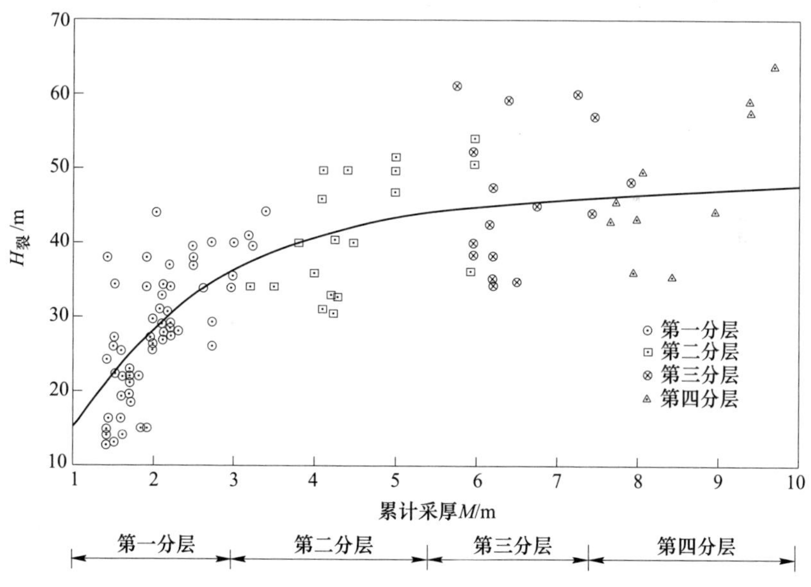

图 3.6 水平、缓倾斜及中倾斜煤层分层重复开采时中硬覆岩导水裂隙带高度与累计采厚关系
（据煤炭科学研究院北京开采研究所）

我国主要的采煤方法有：长壁综合机械化一次采全高采煤法、限高开采、厚煤层长壁综合机械化放顶煤采煤法、厚煤层分层间歇式开采、短壁综合机械化采煤法、条带式采煤法和充填开采。

表 3.1　不同采煤方法的覆岩破坏类型

开采方法	地质条件	破坏类型	破 坏 特 点
长壁全部垮落法	顶板无坚硬岩层缓倾斜到倾斜煤层基岩上覆盖层较厚	三带型	传统的“上三带”；裂隙带呈马鞍形；地表移动缓慢连续，地表移动盆地边缘形成拉伸裂隙
	开采达到一定深度	四带型	自下而上为破裂带、离层带、弯曲带和松散冲积层带[138]
	开采达到一定深度	四带型	自下而上为冒落带、块体铰接带、似连续带和弯曲下沉带[139]
	浅埋煤层	两带型	采后无弯曲下沉带，整体台阶下沉，导水裂隙带直接波及地表
	急倾斜煤层、风化带或断层破碎带附近、接近松散含水层时	抽冒型	覆岩发生局部性向上冒落破坏；呈漏斗状破坏，范围大，可达地表；地表形成漏斗状塌陷坑
	基本顶为坚硬岩层	切冒型	回采面积大，顶板大面积冒落及塌陷；地表出现台阶、错动、剪切、挤压和拉张
充填开采	控制充填前顶板下沉量及充填体压缩量	开裂型	采空区上方由于受充填体支撑，不发生垮落，只有裂隙带和弯曲带，且裂隙带发育高度有限
房柱式、刀柱式开采	基本顶为坚硬岩层	拱冒型	采空区上方冒落带高度小，冒落至坚硬岩层为止，呈拱形冒落；地表发生缓慢、微小、连续变形
房柱式、条带式开采	直接顶和基本顶均为坚硬岩层	弯曲型	上覆岩层不冒落，形成悬顶；顶板岩层发生缓慢弯曲变形；地表发生缓慢、微小、连续变形

限高开采是通过控制开采厚度抑制导水裂隙带发育高度的有效方法；综采放顶煤是一种将厚煤层一次采放出来的高产高效采煤法，与厚煤层分层开采相比，开采强度大大增加，采动影响的剧烈程度、覆岩破坏高度明显增大；分层间歇式开采覆岩的垮落带高度和裂隙带高度比一次采全高要小得多，这是因为重复采动会使上覆岩层的强度降低，岩层容易垮落可以支撑上覆岩层，因此，抑制了上覆岩层的破坏；短壁开采、条带开采或房柱开采是以留下的部分煤柱支撑上覆岩层，从而控制岩层与地表移动；充填开采时由于充填体的支撑，覆岩不存在垮落破坏，只产生不相互连通和贯通的开裂性破坏，可有效抑制导水裂隙带的发育。

（8）覆岩破坏的延续时间。当煤层覆岩为坚硬岩层时，导水裂缝带的高度不随时间增加或降低；当覆岩为中硬或软弱泥质类岩层时，隔水层中的裂隙具有自愈合能力，其隔水性能具有自恢复能力，因此，一段时间后导水裂隙带高度降低。

3.3 长壁工作面导水裂隙带发育高度预计方法

3.3.1 综采长壁工作面导水裂隙带发育高度预计的经验公式

受顶板水体威胁煤层开采的关键技术是留设合理的安全煤岩柱。若安全煤岩柱留设不足，则导水裂隙带波及水体，可能发生突水事故，威胁井下安全生产；若防水煤岩柱留设过于保守，会造成大量厚煤层资源的浪费。因此，在查明主采煤层水文地质条件的前提下，正确预测导水裂隙带发育高度，减小防水煤岩柱的厚度，是提高开采上限、解放呆滞煤炭资源的有效途径。

目前，垮落带和导水裂隙带发育高度的预计主要是根据《建筑物、水体、铁路及主要井巷煤柱留设与压煤开采规范》附录4（表3.2、表3.3），但均针对一次采全高及厚煤层分层开采。随着煤矿开采机械化水平的提高，综合机械化放顶煤技术在厚煤层开采中得到了推广与应用，但由于综放开采导水裂隙带的发育高度明显增加，已有的公式不再适用于综放开采，无法满足工程需要。

表3.2 厚煤层分层开采的垮落带高度计算公式

覆岩岩性（单向抗压强度）/MPa	计算公式/m
坚硬（单向抗压强度40~80）	$H_m = \dfrac{100\sum M}{2.1\sum M + 16} \pm 2.5$
中硬（单向抗压强度20~40）	$H_m = \dfrac{100\sum M}{4.7\sum M + 19} \pm 2.2$
软弱（单向抗压强度10~20）	$H_m = \dfrac{100\sum M}{6.2\sum M + 32} \pm 1.5$
极软弱（单向抗压强度<10）	$H_m = \dfrac{100\sum M}{7.0\sum M + 63} \pm 1.2$

注：公式中±后面的数字为中误差；$\sum M$ 为累计开采厚度。

表3.3 缓倾斜和倾斜厚煤层分层开采时导水裂缝带高度计算公式

覆岩岩性	计算公式之一/m	计算公式之二/m
坚硬	$H_{li} = \dfrac{100\sum M}{1.2\sum M + 2.0} \pm 8.9$	$H_{li} = 30\sqrt{\sum M} + 10$
中硬	$H_{li} = \dfrac{100\sum M}{1.6\sum M + 3.6} \pm 5.6$	$H_{li} = 20\sqrt{\sum M} + 10$

续表 3.3

覆岩岩性	计算公式之一/m	计算公式之二/m
软弱	$H_{li}=\dfrac{100\sum M}{3.1\sum M+5.0}\pm 4.0$	$H_{li}=10\sqrt{\sum M}+5$
极软弱	$H_{li}=\dfrac{100\sum M}{5.0\sum M+8.0}\pm 3.0$	

注：表中经验公式的适用范围：单层采厚 1～3m，累计采厚小于 15m。

3.3.2 综放长壁工作面导水裂隙带发育高度预计的 RBF 神经网络模型

针对厚煤层综放开采工作面覆岩导水裂隙带高度预计问题，许延春搜集了 40 余个综放工作面覆岩导水裂隙带高度的实测值，经多元统计分析得出回归公式，见表 3.4[140]。

表 3.4 综合机械化放顶煤开采工作面导水裂隙带发育高度计算公式（据许延春）

岩 性	计算公式
中硬	$H_{li}=\dfrac{100h}{0.26h+6.88}\pm 11.49$
软弱	$H_{li}=\dfrac{100h}{-0.33h+10.81}\pm 6.99$

注：h 为采高，适用范围 3.5～12m。

本书选择采厚、覆岩岩性作为主控因素，基于 RBF 神经网络建立了综放开采覆岩导水裂隙带发育高度预计模型。

3.3.2.1 基本原理

RBF 神经网络是由三层组成的前向网络，分别是输入层、隐含层和输出层，如图 3.7 所示。

其中，输入层中节点个数等于输入的维数，隐含层中节点个数根据问题的复杂度而定，输出层节点个数等于输出数据的维数[141]。

RBF 神经网络采用以下函数对隐含层神经元进行建模：

$$\psi_i(x)=G\left(\frac{\| x-c_i \|}{\sigma_i}\right) \tag{3.1}$$

式中，x 为输入样本；c_i 为中心点；σ 为宽度，决定了径向基函数围绕中心点的宽度；G（·）为径向基函数，即激励函数、传递函数或激活函数；$\| x-c_i \|$ 为距离函数，表示网络样本值与中心点之间的距离；$\psi_i(x)$ 为网络输出。

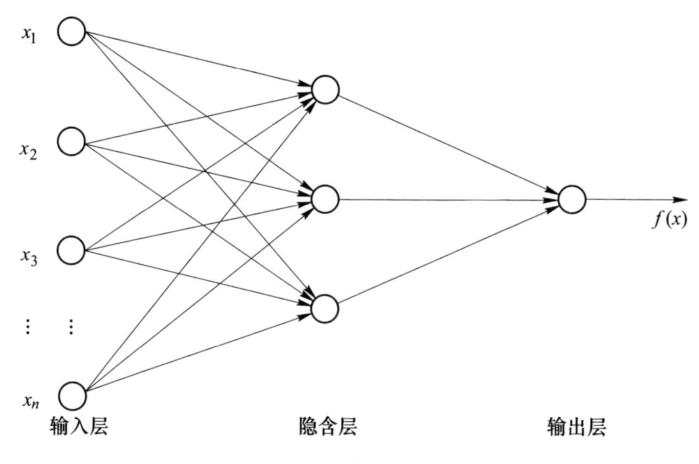

图 3.7 RBF 神经网络模型

3.3.2.2 训练样本与测试样本

本书收集了大量学者对我国多个矿区的导水裂隙带高度实测资料，选取 32 个实测数据作为 RBF 神经网络的学习训练样本（表 3.5）。

表 3.5 网络训练样本数据

序号	实测样本来源	采深 H/m	采高 m/m	斜长 L/m	覆岩岩性量化值	导水裂隙带发育高度 H_i/m
1	多伦协鑫煤矿 1703^{-1} 工作面	311	9.6	120	中硬（2）	112.0
2	多伦协鑫煤矿 1703^{-1} 工作面	321	9.0	120	中硬（2）	111.0
3	余吾煤业 S1202 工作面	450	5.5	300	中硬（2）	61.0
4	潘一矿 2622（3）工作面	550	5.8	180	软弱（1）	65.2
5	谢桥矿 1121（3）工作面	490	6.0	182	软弱（1）	67.8
6	谢桥矿 1211（3）工作面	440	4.0	198	软弱（1）	38.8
7	许厂煤矿 1302 工作面	255	4.2		中硬（2）	51.3
8	谢桥矿 1121（3）工作面	490	5.2		软弱（1）	46.0
9	兴隆庄矿 5306 工作面	410	6.9	160	中硬（2）	70.3
10	兴隆庄矿 4320 工作面		8.0		中硬（2）	86.8
11	鲍店矿 1314 工作面	350	8.5	169	中硬（2）	99.6
12	赵楼 11301 工作面	960	6.0	190	中硬（2）	65.4
13	济三矿 1301 工作面	480	6.8	170	中硬（2）	70.2
14	济三矿 1034 工作面		5.2		软弱（1）	42.3
15	崔庄煤矿 $33_{上}$ 01 工作面		4.4		中硬（2）	59.6

续表 3.5

序号	实测样本来源	采深 H/m	采高 m/m	斜长 L/m	覆岩岩性量化值	导水裂隙带发育高度 H_i/m
16	王坡煤矿 3202 工作面	474	5.8	230	坚硬（3）	104.9
17	王庄矿 6206（1）工作面	316	5.9	248	坚硬（3）	114.7
18	王庄矿 6206（2）工作面	316	5.2	248	坚硬（3）	102.3
19	小康矿 S1W3 工作面	580	10.7	150	坚硬（3）	193.4
20	大平矿 N1N2 工作面	510	7.5	195	坚硬（3）	185.0
21	大平煤矿	460	12.4	227	坚硬（3）	221.5
22	新集一矿 1303 工作面	325	8.0	134	中硬（2）	83.9
23	北皂矿 H2106 工作面	330	4.1	150	软弱（1）	39.0
24	陈家沟 3201 工作面	540	12.4	100	中硬（2）	134.0
25	张集 1212（3）工作面	520	3.9	200	中硬（2）	49.0
26	张集 1221（3）工作面		4.5		中硬（2）	57.5
27	孔庄煤矿 7192 工作面	220	5.3	120	中硬（2）	61.1
28	大平矿 N1N4 工作面	460	11.4	207	坚硬（3）	194.6
29	南屯矿 $63_{上}$ 10 工作面	400	6.0	125	中硬（2）	70.7
30	白庄煤矿 7507 工作面		5.1		中硬（2）	63.6
31	高河矿 W1303 工作面		6.0		坚硬（3）	114.2
32	朱仙庄矿 Ⅱ865 工作面	500	11.8	130	中硬（2）	130.0

输入样本向量首先与权值向量相乘，再输入隐含层节点中，最后计算样本与节点中心的距离。该距离值经过径向基高斯函数的映射后形成隐含层的输出，再输入到输出层，各个隐含层节点的线性组合形成了最终的网络输出。

径向基网络创建采用 MATLAB 神经网络工具箱中的 Newrb 函数。在网络模型中，误差为 1×10^{-8}，扩散因子为 40，最大神经元个数为 100。

利用表 3.6 中的样本数据对上述训练好的模型进行检测，验证网络的性能。

表 3.6 网络测试样本数据

序号	实测样本来源	采深 H/m	采高 m/m	斜长 L/m	覆岩岩性量化值	导水裂隙带发育高度 H_{li}/m
1	平朔井工一矿 S4101 工作面	360	5.9	220	软弱（1）	62.3
2	兴隆庄矿 1301 工作面	410	6.6	193	中硬（2）	72.9
3	王庄矿 6206（3）工作面	316	5.7	248	坚硬（3）	114.8
4	兴隆庄矿 6032 工作面		4.5		中硬（2）	53.4
5	镇城底矿 28103 工作面		4.5		软弱（1）	41.3
6	任楼矿 $7_2$12 工作面	600	4.7	150	中硬（2）	56.0
7	下沟矿 ZF2801 工作面	330	9.9	90	中硬（2）	111.8

3.3.2.3 模型训练

从图 3.8、图 3.9 中可以看出，表 3.6 中的 7 个网络测试样本最大相对误差为 10%，平均相对误差为 6%，预测值与真实值非常接近。因此，基于 RBF 神经网络建立的综放工作面采厚、覆岩岩性与导水裂隙带发育高度的关系模型能够准确地预测导水裂隙带的发育高度。

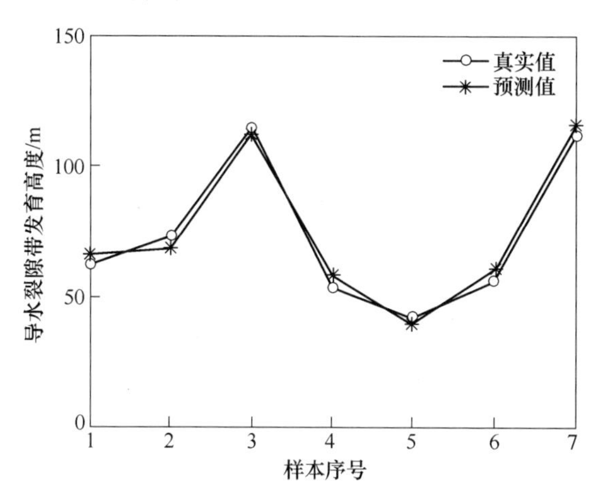

图 3.8 预测值与真实值对比

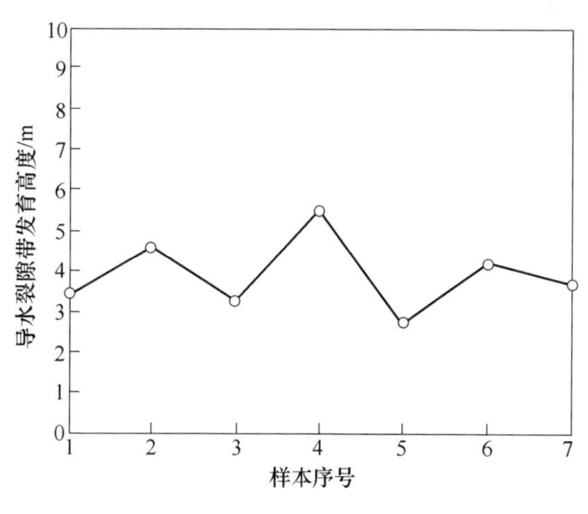

图 3.9 模型预测残差

3.4 上覆水体采动等级及允许采动程度

顶板上覆水体是否对煤层开采构成威胁，关键在于开采后覆岩导水裂隙带发育高度及上覆水体的性质。因此，受顶板水害威胁煤层的开采主要考虑开采引起的覆岩中的裂缝是否互相连通，以及互相连通的裂缝是否波及水体。覆岩破坏一旦波及水体，哪怕只触及水体的边缘，也会导致水体中的水全部流入井下。相对而言，此时对地表变形的研究退居到次要位置，因为在许多情况下，尽管地表产生较大的移动和变形甚至出现裂缝，但只要这些裂缝在某个深度上自行闭合而不构成涌水的通道，就不会发生透水事故。

在了解顶板水害威胁下煤层开采问题特点的基础上，顶板水害威胁下安全采煤的着眼点应放在如何想方设法使水体和开采区域之间不形成透水通道或者水体与开采区域之间虽已构成水力联系但能被矿井排水能力所接受。

因此，《建筑物、水体、铁路及主要井巷煤柱留设与压煤开采规范》中第66条规定，在近水体采煤时，必须严格控制对水体的采动影响程度（表3.7）。

表3.7 上覆水体采动等级及允许采动程度

煤层位置	水体采动等级	水体类型	允许采动程度	安全煤岩柱类型
水体下	Ⅰ	1. 直接位于基岩上方或底界面下无稳定的黏性土隔水层的各类地表水体 2. 直接位于基岩上方或底界面下无稳定的黏性土隔水层的松散孔隙强、中含水层水体 3. 底界面下无稳定的泥质岩类隔水层的基岩强、中含水层水体 4. 急倾斜煤层上方的各类地表水体和松散含水层水体 5. 要求作为重要水源和旅游地保护的水体	不允许导水裂缝带波及水体	顶板防水安全煤岩柱
	Ⅱ	1. 底界面下为具有多层结构、厚度大、弱含水的松散层，或松散层中、上部为强含水层，下部为弱含水层的地表中、小型水体 2. 底界面下为稳定的厚黏性土隔水层或松散弱含水层的松散层中、上部孔隙强、中含水层水体 3. 有疏降条件的松散层和基岩弱含水层水体	允许导水裂缝带波及松散孔隙弱含水层水体，但不允许垮落带波及该水体	顶板防砂安全煤岩柱
	Ⅲ	1. 底界面下为稳定的厚黏性土隔水层的松散层中、上部孔隙弱含水层水体 2. 已或接近疏干的松散层或基岩水体	允许导水裂缝带进入松散孔隙弱含水层，同时允许垮落带波及该弱含水层	顶板防塌安全煤岩柱

3.5 本章小结

本章分析了煤层上覆岩层采动破坏的分带特征和空间形态，探讨了影响导水裂隙带发育高度的地质因素、采动因素及时间因素，总结了已有学者的综放开采导水裂隙带高度实测值，以采厚、覆岩岩性作为主控因素，基于RBF神经网络建立了综放开采工作面覆岩导水裂隙带发育高度的预计模型。在导水裂隙带发育高度预计的基础上，分析了煤层上覆水体类型及允许采动破坏程度。

4　顶板水害威胁下“煤-水”双资源型矿井开采模式

4.1　“煤-水”双资源型矿井开采概念与内涵

由于粗放式的煤炭资源开采直接破坏土地资源、水资源、生态资源，不顾资源和环境约束的煤炭开采已超出了环境和生态承载力，因此，在利益驱动下不顾及环境、安全和资源的粗放、野蛮和掠夺式采矿不是科学的采矿[142]。因此，钱鸣高院士提出了绿色开采的内涵与技术体系框架，对煤与瓦斯共采、保水开采、条带开采与充填开采、井下矸石处理等关键问题做了深入分析[143,144]。

武强院士就如何实现既采煤又保水以达到煤、水资源科学合理的共同开发问题，提出了“煤-水”双资源矿井建设和开发的必要性和可行性[145]。并在此基础上，提出了“煤-水”双资源型矿井开采概念、内涵及主要技术与方法，进而形成了顶板水害威胁下“煤-水”双资源型矿井开采模式。

“煤-水”双资源型矿井开采概念：在确保矿井生产安全、水资源保护利用、生态环境质量的前提下实施有效的开采技术与方法，以达到水害防控、水资源保护利用与生态环境保护三位一体结合系统整体最优的目的。

“煤-水”双资源型矿井开采内涵：在煤炭资源开采工程中，将地下水视作资源，通过合理的开采技术方法，不仅消除其“灾害属性”的负效应，而且通过将矿井水资源化利用，挖掘其“资源属性”的正效应，同时尽量避免破坏扰动与煤系同沉积的含水层结构，达到煤炭和水的“双资源”共同开发与矿区生态环境保护的协调、可持续发展目的，最终实现煤矿区水害防控、水资源保护利用、生态环境改善的多赢目标（图 4. 1）。

4.2　“煤-水”双资源型矿井开采主要技术与方法

为解决煤炭资源安全绿色开发、水资源供给、生态环保之间的尖锐矛盾和冲突，在阐述“煤-水”双资源型矿井开采概念与内涵的基础上，本书进一步提出了根据矿井主采煤层的具体充水水文地质条件优化开采方法与参数工艺、多位一体优化结合、井下洁污水分流分排、人工干预水文地质条件、充填开采等“煤-水”双资源型矿井开采的主要技术与方法。

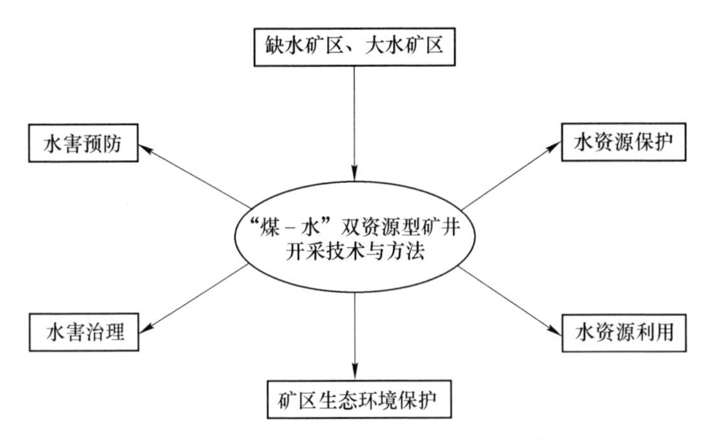

图 4.1 “煤-水”双资源型矿井开采内涵

4.2.1 优化开采方法与参数工艺

4.2.1.1 我国采煤方法的优缺点

我国长壁体系下的现代化采煤技术非常成熟，已处于国际先进水平，其中大采高综采成为 3.5~6.0m 煤层安全高效开采的主要途径，综放开采已成为 7.0m 以上厚煤层的首选方法，厚煤层分层开采由于生产效率低，目前已较少采用[146,147]。随着厚煤层大采高综采、特厚煤层大采高综放成套技术及配套设备的发展，我国已建成了多个年产千万吨级大型高产高效矿井。6.3m 大采高工作面和 300m、360m、400m 超长工作面分别得到广泛应用，7.0m 超大采高在神东矿区实现多个工作面的回采，国内首个 450m 超长工作面在哈拉沟煤矿也已试验成功[148,149]。我国煤矿开采技术与装备水平虽然显著提升，但是安全、环境与采煤的协调开采技术仍有待研究[150]。

长壁体系下的大采高采煤法具有煤炭损失少、单产高、采煤系统简单、对地质条件适应性强等优点，极大地促进了煤炭工业的快速发展，满足了国民经济建设和人民生活需要，是我国采用最为普遍的一种采煤方法，但是这类采煤法是在对环境扰动不重视的情况下发展起来的，大规模、高强度的开采对上覆岩层及地表破坏相当大，对含水层结构、地下水系统和生态环境造成了巨大的影响，是一种以牺牲水资源和生态环境为代价的采煤法。

短壁机械化采煤法以短工作面为主要特征，设备投资少，出煤快，矿山压力显现较弱，对上覆岩层破坏规模、导水裂隙带高度、地表下沉程度的影响均减小；限高开采或分层间歇开采是一种控制采厚的采煤方法，其覆岩的垮落带高度和裂隙带高度比一次采全高要小很多，对含水层下安全采煤十分有利。由于短壁机械化采煤法、限高开采或分层间歇开采效率相对较低、采区采出率相对较低等缺点，在以往单纯追求煤炭开采效率情况下一直不受重视。

钱鸣高院士、郑爱华等构建了科学采矿视角下的完全成本体系，即完全成本应包括资源成本、生产成本、安全成本、环境成本和发展成本[151,152]。高效率的长壁大采高采煤法忽视了对水资源和生态环境的影响，企业成本是不完全成本，企业利益是以破坏环境为代价的。基于完全成本理论，长壁大采高采煤法是高效率但是低效益，短壁机械化采煤法、限高开采或分层间歇开采是高效益低效率，而企业最终追求的目标是可持续的高效益。

矿业工程是一项协调安全、资源、生态和环境的综合性工作，采煤只是其中一个子系统，厚煤层长壁一次采全高或综放采煤法追求的是高产量、高效率、高采出率，但并不考虑采后的环境负效应。基于系统论观点，煤炭企业最终追求的应是整个矿业工程系统总体效益最优最大化，而不是系统中某个子系统效益最优。

因此，当长壁大采高采煤法无法保障控水采煤时，将其优化为高效益短壁机械化采煤法（如短壁、条带、房式/房柱式等开采方法）或限高开采或分层间歇开采，在某些地质条件下又能焕发出新的生命力，不失为一种好的方法。

4.2.1.2　开采方法和参数工艺动态优化

根据主采煤层的具体充水水文地质条件，动态优化开采方法和参数工艺。"三图-双预测法"是对天然状态水文地质条件下控水采煤评价预测、分区方案制定和优化采煤方法与参数工艺的重要技术支撑手段。首先采用一次采全高综采或综放开采进行评价分区，圈定不宜开采区域，对于安全区可直接进行开采，对于危险区可减小采高实行限高开采或分层开采，重新进行分区评价，若仍不满足安全需求，可采用短壁机械化采煤法实现"煤-水"双资源型矿井开采，如图 4.2 所示。

4.2.2　多位一体优化结合

根据矿井具体的充水水文地质特征，选择可协调解决煤炭资源安全开发、水资源保护利用、生态环保之间尖锐矛盾与冲突的多位一体优化结合模式。

对于有突（涌）水危险的煤层，若不采取短壁机械化等采煤法，则需进行必要的地下水疏排，而我国大型煤炭基地主要处于水资源供需矛盾较为突出的地区，生态环境脆弱，传统的疏降强排加剧了水资源危机，且将矿井水白白排到河流，造成水资源浪费和水污染，另外矿井水外排还需缴纳水资源费和排污费。

国家能源局等部门在《关于促进煤炭安全绿色开发和清洁高效利用的意见》中提出，到 2020 年，在水资源短缺矿区矿井水利用率不低于 95%，一般水资源矿区矿井水利用率不低于 80%，水资源丰富矿区矿井水利用率不低于 75%。2015

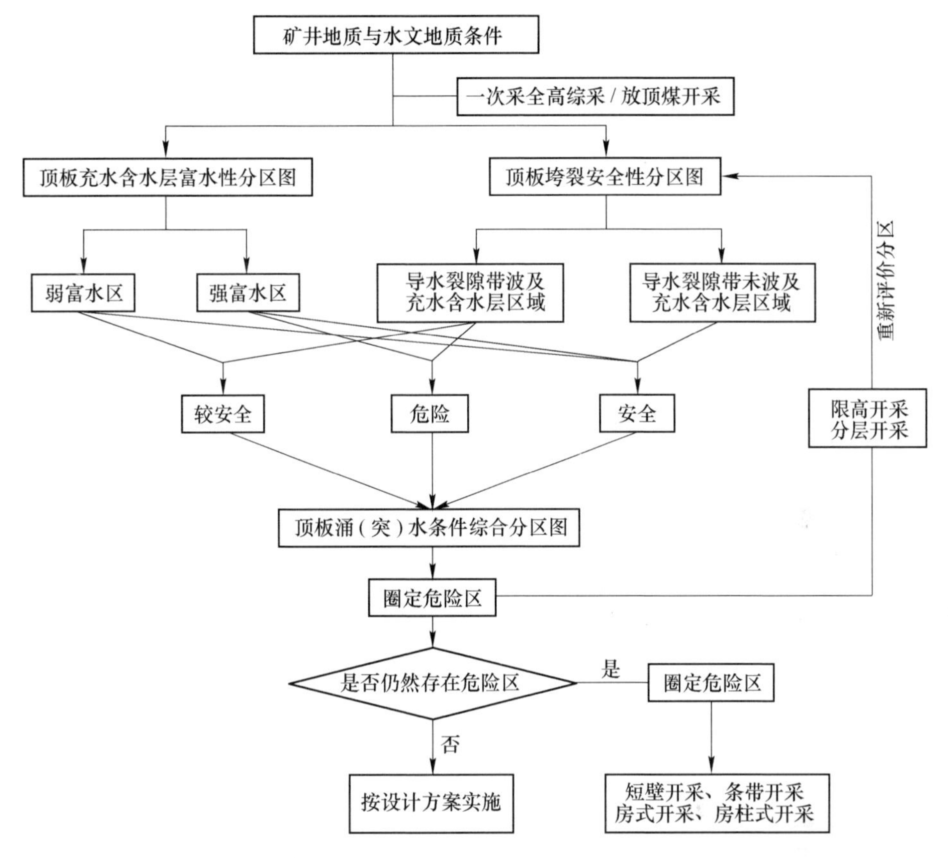

图 4.2 基于“三图-双预测法”的开采方法优化流程

年国家颁布的《水污染防治行动计划》（“水十条”）也明确指出：“推进矿井水综合利用，煤炭矿区的补充用水、周边地区生产和生态用水应优先使用矿井水，加强洗煤废水循环利用。”因此，矿井水的资源化利用日益受到煤矿企业和政府部门的高度重视，是今后水资源短缺矿区缓解供水紧张、减轻环境污染的必然趋势。

4.2.2.1 矿井排水、供水、生态环保三位一体优化结合

对于具备可疏性矿井，宜采用矿井排水、供水、生态环保三位一体优化结合，其实质是将矿井疏排水经过分级处理后，全部或部分用来代替矿区和当地正在运行中的供水水源井。目前三位一体优化结合技术已经形成一套包括矿井水资源化、地面水源井、井下疏排，地下水水位控制等技术，具体可通过以下措施实施：

（1）井下疏放水采用专门疏水巷、回采巷道超前疏干和探放水等疏降方式。

（2）采用井下排水和地面抽水联合疏降，以丰水期最大涌水量作为设计供水量。地面抽水的目的是解决因井下突发性事故引起的井下停排造成的水源中断或因枯水期造成的供水缺口等问题。

（3）在对矿井水疏降较为有效的地下水系统的某些补给部位，建立供水水源井，预先截取地下水。

4.2.2.2　矿井地下水控制、利用、生态环保“三位一体”优化结合

对于可疏性差矿井，宜采用矿井地下水控制、利用、生态环保“三位一体”优化结合模式，其实质是在对补给矿井地下水实施最大限度控制、最大限度减少矿井涌水量的基础上，将有限的矿井排水分质处理后最大化加以利用，防止地下水水位大幅下降和水资源浪费，避免矿区生态系统恶化。

（1）矿井地下水控制。措施包括：1）留设防水煤岩柱；2）增强隔水层的隔水能力，如注浆加固、注浆封堵导水通道等；3）降低导水裂隙带发育高度，在第四系强富水含水层下对煤层覆岩实施局部轻微爆破松散或注水软化；4）帷幕注浆，隔离开采区域；5）建立地面浅排水源地，预先截取补给矿井的地下水流；6）建立水源井，预先疏排诸如强径流带等地下水强富水地段等。

（2）矿井水利用。采取控制措施后，可使矿井排水量大大减少，但污水所占比例较大，可分级处理后进行资源化综合利用，如图 4.3 所示。

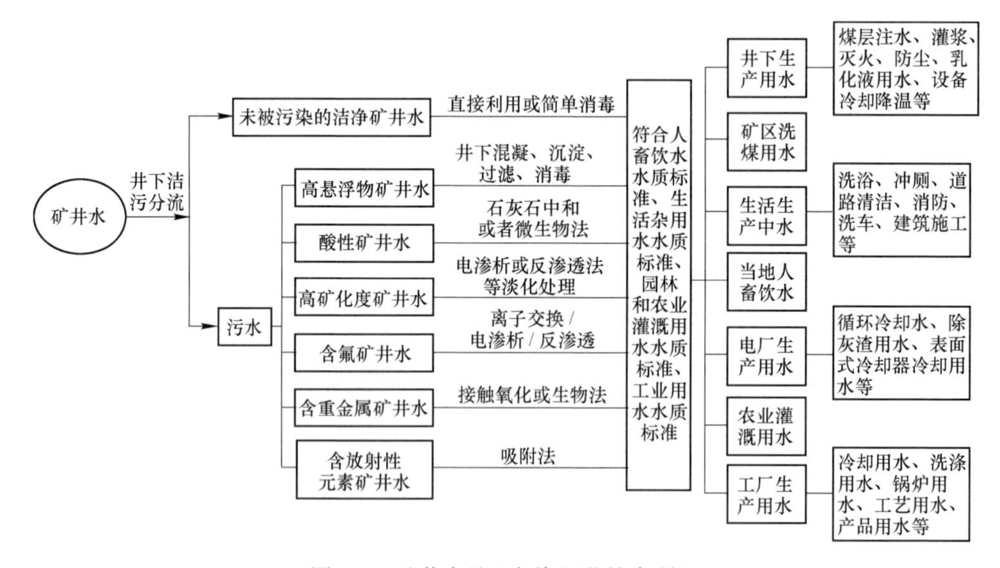

图 4.3　矿井水处理与资源化综合利用

我国许多缺水矿区和大水矿区煤矿将矿井水作为第二资源开发利用，如蔚州矿区北阳庄煤矿的矿井排水除满足矿区生产生活用水需求外，还可满足电厂（在

建）用水需求；山东华泰矿业通过井下处理使矿井水达到了饮用水标准，井下工人可直接饮用，矿井水排到井上除自身矿区使用外，还供给市区和莱芜电厂使用；锦界煤矿涌水量达3200m^3/h以上，最大涌水量达5499m^3/h，通过成立专门水务部门，负责处理、管理、分派水资源，采用井下清污分流和地面污水处理，以供水管网、农业灌溉、人畜饮用、工业用水等方式，实现了矿井水资源零浪费。矿井水的分质处理与分级利用，可以减少深井水的开采量，节约地下水资源，保护矿区地下水和地表水的自然平衡，有效缓解“水源型缺水”和“水质型缺水”问题。

4.2.2.3 矿井水控制、处理、利用、回灌与生态环保五位一体优化结合

对于具备回灌条件的矿井，可采用矿井水控制、处理、利用、回灌、生态环保“五位一体”优化结合模式，其实质是采取各种防治水措施后，将有限的矿井排水进行水质处理后，最大限度地在井上井下利用，最后将剩余的矿井水补充到具有足够厚度和透水性的不影响矿井安全生产的含水层。统一规划矿井水五位一体优化管理模型，从水文地质条件、水质、施工方案等方面进行调研和技术论证，是实现矿井废水零排放的有效途径，既可保护当地生态环境，也可实现绿色开采。

4.2.3 井下洁污水分流分排技术

根据矿井水形成类型，我国西北地区矿井水大部分为顶板基岩裂隙水及松散层水，华北地区大部分为底板灰岩水，其他地区的出水点也都比较集中，分散的矿井水相对较少，在井下涌水量大的集中出水点和疏放水处，洁污分流工程容易实施。

在集中出水点和疏放水处，修建专门洁净水排水沟或管路，将洁净矿井水由工作面集中汇入到专门修建的洁净水仓；专门的排水沟和水仓应按照饮用水工程标准进行设计和施工，并设置排水沟盖板，避免洁净水在井下输送过程中受到任何污染；最后，通过洁净水泵房排到地面。由于洁净矿井水未被污染，与含水层地下水原始水质相同，pH为中性，低浊度，低矿化度，不含有毒、有害离子，故可直接或经过简单的消毒处理后作为生活饮用水和农业灌溉用水；而矿井污水则分流至污水仓，经过混凝、沉淀后通过污水泵房排到地面污水处理站，处理后可满足对水质要求低的工业用水需求。

4.2.4 人工干预水文地质条件

人为对水文地质条件实施干预也是保水开采的重要技术，其原理是通过各种专用的压注设备，将根据不同堵水条件按特定配方制备的不同特性的堵水浆液注

入岩层空隙之中，占据原来被水占有的空隙或通道，在一定的压力、一定的时间作用下脱水、固结或胶凝，使隔水层阻水性能大大提高，从而改变原来不利于采矿的水文地质条件。主要措施包括：

（1）隔水层注浆加固和改造技术。当充水含水层富水性较强时，在煤层薄隔水层带、构造破碎带、导水裂隙带采用隔水层注浆加固方法实属上策。

（2）局部富水区或松散砂层注浆。将水分散到导水裂隙带波及不到的区域，把富水区改造为弱富水区或隔水层；或采用注浆固结松散层减少溃砂的可能性。

4.2.5 充填开采

充填开采是一种利用井上/井下矸石、炉（矿）渣、粉煤灰、尾砂、建筑垃圾等固废材料充填采空区，解放呆滞煤炭资源的绿色开采技术[153-156]，如图 4.4 所示。根据等价采高理论，充填开采技术其相当于开采极薄煤层，对受水害威胁煤层实施充填开采，可以控制上覆岩层破坏与地表移动变形及处理固体废弃物，在保护水资源和生态环境的同时，还能消除水害威胁；同时，针对局部开采资源回收率低的缺点，还可以采用充填开采回收留设的煤柱。

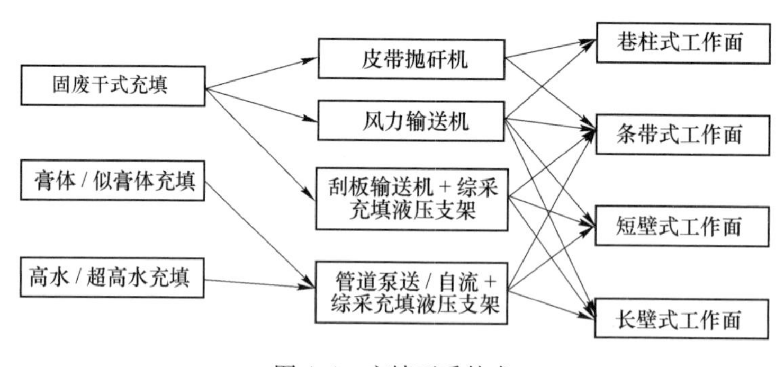

图 4.4 充填开采技术

充填开采需要专门的设备设施和足够的充填材料，工艺复杂，降低了生产效率，初期投资大，增加了吨煤成本。2013 年，国家能源局、财政部、国土资源部及环保部联合印发了《煤矿充填开采工作指导意见》，旨在促进安全有保障、资源利用率高、环境污染少、综合效益好和可持续发展的新型煤炭工业体系建设，但是受煤价下滑影响，充填开采的推广受到一定的限制。因此，协调采煤工艺与充填工艺之间的关系、降低开采成本、寻找充足的充填材料是充填采煤法发展的必由之路，另外，还需要国家政策的引导和扶持。

4.3 顶板水害威胁下“煤-水”双资源型矿井开采模式构建

“煤-水”双资源型矿井开采模式是指：在“煤-水”双资源型矿井开采概念与内涵的指导下，对采煤方法和防治水技术、措施进行优化组合，旨在建立解决采煤保水、水资源合理开发利用、生态环境保护等问题的方法集，使得矿井开采目的由之前的采煤和安全两元性向保障井下安全、合理地配置水资源、保护和改善生态环境并尽可能进行矿区生态环境建设的多元性发展。

开采模式包含防治水工程措施（A）和开采技术（B）两部分，其中，防治水工程措施是采用防、堵、疏、排、截的手段对水体进行隔离、控制、疏干、改造，开采技术包括常规开采（综采、综放）、限制开采（限高、分层间歇开采）、短壁机械化开采（短壁式、条带式、房柱式）和充填开采。开采模式可依据矿井主采煤层具体的充水水文地质条件，因地制宜，由以上技术与措施中的若干项组合而成，即 $A_i+A_j+\cdots+B_k$。本节依据含水层性质构建了 8 种顶板水害威胁下“煤-水”双资源型矿井开采模式，并分析了不同模式的适用条件及其主要技术。

（1）“留设安全煤岩柱+长壁综采/综放开采”模式。该模式的实质是利用留设的安全煤岩柱将重要的地表水体或地下含水层隔离保护。其主要技术是在地表大型水体、厚松散层下、逆掩断层含水推覆体下、老窑积水下、基岩裸露地区煤层露头区留设足够的防水安全煤岩柱，确定合理的开采上限，将超出开采上限的煤炭资源作为永久煤柱，对低于开采上限的煤炭资源可以采用一次采全高综采技术或厚煤层综放技术。地表大型水体、基岩风化裂隙水或厚松散层富水体往往是当地居民生产生活用水的主要来源，这种模式通过牺牲少部分煤炭资源，确保矿井安全、水资源供给和矿山生态环境。

（2）“留设安全煤岩柱+限高开采/分层间歇开采”模式。该模式主要技术是通过限制开采厚度或者限制厚煤层第一、二分层开采的厚度，以减少导水裂隙带发育高度，适用条件与第一种模式相同，但与第一种模式相比，该模式可有效提高开采上限，减少部分煤炭资源的损失。

（3）“边采边疏+井下洁污水分流分排+矿井水分级分质利用+长壁综采/综放开采”模式。针对整体富水性较弱，且以静储量为主，补给相对不足的含水层，由于其涌水量较小，不对矿井安全构成威胁，且超前疏放难度较大，疏放效果不佳，可采用边采边疏的方式，即利用采后导水裂隙直接疏干；或者富水性虽然较好，但导水通道不发育，仅仅是覆岩破坏产生的微小裂隙波及水体，漏水情况微弱且有限，泄出的水量与该矿的排水能力相适应，且在经济上也是合理的。

实践表明边采边疏在一定条件下可以达到最大限度、安全地采出受顶板水害威胁的部分煤炭资源。正确评价煤层上覆水体的富水性，以及煤层覆岩受采动影响后的控水控砂能力，这是决定能否实现边采边疏技术的前提条件；工作面应备有足够的排水能力，这也是安全边采边疏的基本保证。这部分水不得进入矿井洁净水排水系统，应通过污水系统单独排放到地面，采用分质处理，然后作为井上井下生产水分级利用。

（4）“超前疏干+井下洁污水分流分排+多位一体优化结合+长壁综采/综放开

采”模式。针对整体富水性较好、补给水量不很大的含水层，可采用超前疏干的方法提前形成疏水漏斗，降低初次来压时顶板断裂后的峰值涌水量，主要方式包括：

1）地面井群疏干。当含水层埋藏较浅时，可采用地面井群疏干的方式，采用排水、供水、生态环保三位一体优化结合模型配置水资源。

2）井下超前疏干。井下超前疏干工程实施前，应先探查和评价工作面水文地质条件，通过物探查疑、钻探验证，在工作面两条回采巷道内对圈定的富水异常区进行探放水，最后采用三位一体或五位一体优化结合模型配置矿井水。

该模式还需要在矿井、采区、工作面建立完善的洁污水分流分排系统，确保工作面及矿井具备充足的防灾抗灾能力，满足采掘工作面最大涌水量的排水需要。

（5）“人工干预水文地质条件+长壁综采/综放开采”模式。针对局部富水区域，可以采用注浆的方法将富水区域改造为弱富水区。应根据具体的充水水文地质条件制定合理的注浆方案，确定钻孔布置方案和注浆材料。

当煤层与含水层之间的距离大于导水裂隙带发育高度时，正常情况下含水层对采煤不产生影响；若存在导水断裂带，上覆水体沿断裂带可进入工作面，此时可对断裂带进行注浆，注浆的位置应在导水裂隙带的顶部与含水层底板之间。

（6）“人工干预水文地质条件+超前疏干+井下洁污水分流分排+多位一体优化结合+长壁综采/综放开采”模式。如果含水层的富水性强或极强，或者虽然富水性中等，但补给水源充沛，处理这类含水层时，应在查明其补给水源和补给通道后，先用注浆帷幕的方式阻断含水层的补给，然后再超前疏干，主要方式包括：

1）在查清开采区域充水水源补、径、排条件的前提下，实施帷幕截流，将地下水截到井田以外，减少水源补给。当顶板含水层只有范围不大的缺口与外界联通时，可在这些缺口位置帷幕截流，采用打密集钻孔排，灌注水泥、水泥砂浆或其他浆液材料，形成一道地下隔水帷幕，封住缺口，隔断采区或矿区与外界的水力联系，使得采区或矿区内的含水层以静储量为主，为超前疏水创造条件。

2）若松散含水层地下水静储量巨大，短时间不能将砂层水完全疏干，通过对覆岩采动破坏范围内实施地面松散层注浆工程，可以起到弱固结砂层、降低其流动性、防止发生溃水溃砂灾害的作用。

（7）“天然水文地质条件+短壁机械化开采”模式。对于地下水静、动储量丰富的含水层，在人工干预水文地质条件效果不合理、技术不可行或经济不划算的情况下，可以采用“天然水文地质条件+短壁机械化开采”模式。该模式能有效降低导水裂隙带发育高度，不致触动含水层，在天然水文地质条件下即可实现保水采煤，解放受水害威胁的部分煤炭资源。

（8）“天然水文地质条件+充填开采”模式。针对强富水含水层，在动、静储量丰富，整体疏降难度较大，又没有办法实施人工干预的情况下，可采用充填开采技术。对于“三下一上”煤炭资源，“以矸换煤”充填开采将是今后“煤-水”双资源型矿井开采的发展方向。

4.4 本章小结

在阐述“煤-水”双资源型矿井开采概念与内涵的基础上，提出了根据矿井主采煤层的具体充水水文地质条件优化开采方法和参数工艺、多位一体优化结合、井下洁污水分流分排、水文地质条件人工干预、充填开采等“煤-水”双资源型矿井开采的技术和方法；阐述了“煤-水”双资源型矿井开采模式的概念，进而依据含水层性质构建了8种顶板水害威胁下“煤-水”双资源型矿井开采模式，即“留设安全煤岩柱+长壁综采/综放开采”模式、“留设安全煤岩柱+限高开采/分层间歇开采”模式、“边采边疏+井下洁污水分流分排+矿井水分级分质利用+长壁综采/综放开采”模式、“超前疏干+井下洁污水分流分排+多位一体优化结合+长壁综采/综放开采”模式、“人工干预水文地质条件+长壁综采/综放开采”模式、“人工干预水文地质条件+超前疏干+井下洁污水分流分排+多位一体优化结合+长壁综采/综放开采”模式、“天然水文地质条件+短壁机械化开采”模式、“天然水文地质条件+充填开采”模式。

5 松散孔隙含水层下开采模式工程应用——以兴源矿为例

5.1 矿井自然地理与地质概况

5.1.1 自然地理概况

5.1.1.1 交通位置

兴源矿位于河北省蔚县县城西北约 10km 处，隶属于白草村乡管辖。矿井地理坐标处于北纬 39°53′08″~39°55′17″，东经 114°27′12″~114°29′29″之间。矿井有柏油公路与蔚县矿区公路、下—广公路、蔚—涞公路及宣—大高速公路连接，并分别与京包铁路宣化站、下花园站、京原铁路涞源站及大秦铁路化稍营站衔接，沙蔚地方铁路终点站距矿井约 2km，交通方便（图 5.1）。

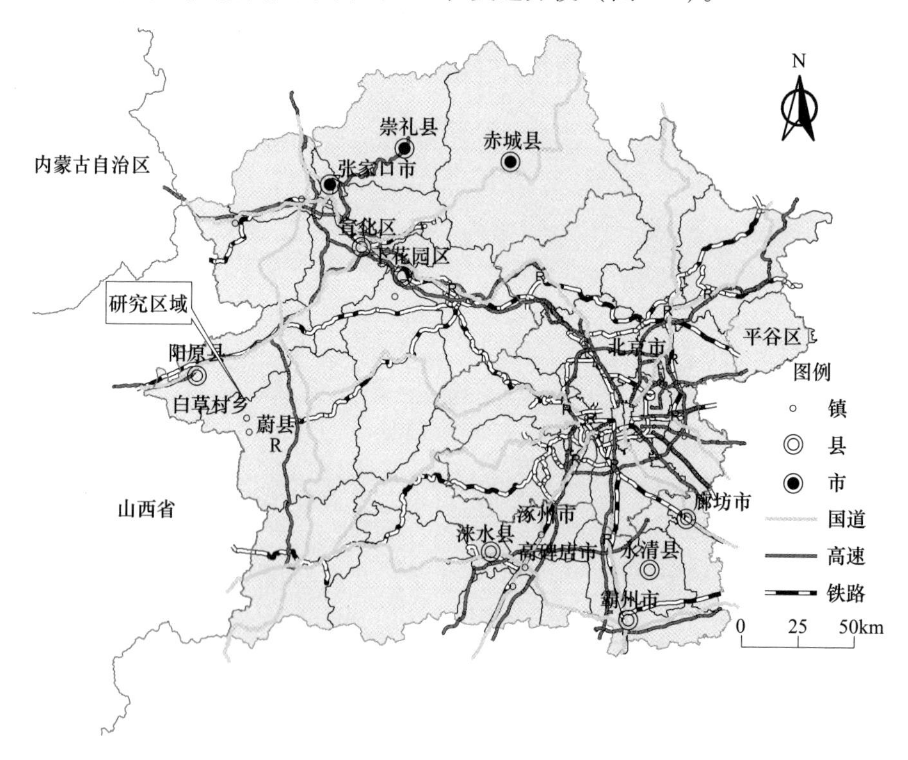

图 5.1 研究区位置与交通

5.1.1.2 地形地貌

兴源矿位于蔚县矿区西南部，地貌形态为山前倾斜平原，地势北高南低，相对高差 100m 左右，地表均为第四系所覆盖。

5.1.1.3 气象与水文

该区属北方干燥大陆性气候，平均气温 6.5℃，最高月（7 月）平均气温为 21.9℃，年平均降雨量为 425.1mm，且多集中在 7、8 月份，占年降雨量 50%左右，年平均蒸发量为 1644mm。冬季较长达 5 个月之久，多西北风，最大风力可达 9 级，冰冻期自当年 11 月至翌年 3 月，冻土深度 1.30~1.50m。

矿井范围内北西向冲沟较发育，地表水流仅壶流河一条，从井田南部外围通过，该河发源于山西广灵县境内，至西合营附近，在阳原县小渡口汇入桑干河，该河汇水面积 $4300km^2$，最大流量为 $418m^3/s$（1955 年），最小流量为零（1977 年），多年平均流量 $6.25m^3/s$。

5.1.2 矿井地质

5.1.2.1 地层

兴源矿井田地层由下至上依次为（图 5.2）古生界寒武系（∈），奥陶系（O）；中生界侏罗系下-中统下花园组（$J_{1-2}x$），中统九龙山组（J_2j）、髫髻山组（J_2t）和第四系（Q）。

（1）古生界奥陶系下统（O_1）。井田内无出露，为含煤地层基底。岩性为白云质灰岩、石灰岩、泥灰岩。

（2）中生界侏罗系中-下统下花园组（$J_{1-2}x$）。为该井田含煤地层，井田内无出露，不整合覆于奥陶系之上。依据岩性、岩相及含煤性划分为上下两段。

1）下段（$J_{1-2}x^1$）。全井田均有分布，厚 52.28~174.01m，岩性为粉砂岩、泥岩夹细砂岩，中、粗粒砂岩及煤层。该段地层自下而上赋存 1、1-1、4、5、5-1、6、7 煤层，其中 1、5、6 煤层为主要可采煤层。

2）上段（$J_{1-2}x^2$）。分布于井田内绝大部分地段，厚 0~194.67m，岩性为厚层块状泥岩、砂岩、砂砾岩，富含钙质结核，动、植物化石罕见。

（3）侏罗系中统九龙山组（J_2j）。局部赋存，厚 0~112.53m，下部为灰绿色、紫红色粉-细砂岩夹凝灰岩及透镜状砂砾岩，粗砂岩及含砾泥岩；上部以灰绿色、灰白色粗砂岩、砂砾岩为主，夹紫红色凝灰质粉-细砂岩及泥岩。

（4）新生界第四系（Q）。全区分布，厚 84.30~244.92m，为浅黄色沉积黄土、棕黄色黏土、灰及灰绿色冲积相卵砾石层。北部较薄，向南及东南部渐变厚。

地层时代 界	系	统	组	段	地层符号	层厚（最小～最大 / 平均）/m	层序	地层柱状	岩石名称	岩性描述
新生界	第四系				Q	16.23～19.45 / 18.37	1		砂砾层	砂砾层：冲、洪积砂砾石层，分布在季节性河床里，以砂砾石为主，含有卵石
						18.35～21.56 / 20.51	2		黄土层	黄土层：浅黄色砂质黄土，上部有钙质结核，底部含有砾石，厚度变化不大，平均厚度为7.51m
						108.76～130.35 / 115.74	3		砂砾层	砂砾层：有砾石、砂质砾岩与砂质黏土岩互层，厚度变化不大，平均厚度为 115.74m
中生界	侏罗系	中下统	下花园组		$J_{1-2}x$	67.39～95.64 / 81.44	4		砂岩	砂岩：粗砂岩、中砂岩、细砂岩及粉砂岩互层，局部夹有黏土岩，一般靠近煤层时颗粒变细，多为粉砂岩或黏土岩。灰色，成分以长石、石英为主，次为云母及暗色矿物，具有水平层理及斜交层理，细砂岩及粉砂岩中含有少量植物化石及植物炭化体
						0.2～0.89 / 0.5	5		7号煤	仅在采区南部钻孔12-8见煤，厚度 0.20～0.89m，平均厚度 0.5m
						23.56～46.58 / 34.26	6		砂岩	砂岩：中砂岩、细砂岩及粉砂岩互层，局部夹黏土岩，少见粗砂，靠近煤层及第四系底界时颗粒变细，多为粉砂岩或黏土岩。灰色～灰绿色，成分以长石、石英为主，次为云母及暗色矿物，具有水平层理，偶见斜交层理，细砂岩及粉砂岩中含植物化石及炭化体
						2.05～3.62 / 2.8	7		6号煤	6号煤层：黑色、褐黑色，碎块状，褐黑色条痕，可见亮煤条带和镜煤透镜体，具内生裂隙，裂隙面附有方解石薄膜，局部火成岩侵入。仅在采区北部出现，采区南部缺失，厚度2.05～3.65m，平均厚度为2.8m
						15.32～20.13 / 16.67	8		砂岩	砂岩：粗砂岩、中砂岩、细砂岩及粉砂岩互层，局部夹有黏土岩，一般靠近煤层时颗粒变细，多为粉砂岩或黏土岩。灰色，成分以长石、石英为主，次为云母及暗色矿物，具有水平层理及斜交层理，细砂岩及粉砂岩中含有少量植物化石及植物炭化体
						3.50～4.93 / 4.56	9		5号煤	5号煤：褐黑色~黑色，粉末~碎块状，褐黑色条痕，亮煤及半暗型煤，夹有镜煤条带，一般含有0.2m左右的夹矸，局部受火成岩影响。厚度3.1～4.63m，平均厚度 3.85m
						15.25～21.05 / 20.65	10		砂岩	砂岩：粗砂岩、中砂岩、细砂岩及粉砂岩互层，局部夹有黏土岩，一般靠近煤层时颗粒变细，多为粉砂岩或黏土岩。灰色，成分为长石、石英及云母，具有水平层理，粗砂岩中含有砾石，一般 2mm 左右，成分多为长石，细砂岩及粉砂岩中含有少量植物化石及植物炭化体
						0.85～1.26 / 0.8	11		4号煤	4号煤层：黑色，碎块状，以半暗型煤为主，夹亮煤条带，条痕黑褐色，断口平坦状，含黄铁矿结核。厚度 0.85~1.26m，平均厚度 0.80m
						5.8～15.25 / 10.61	12		黏土岩	黏土岩：灰白～灰紫色，岩性细腻，具滑感，隔水性能好，断口参差状，浅灰色条痕，比重较大，含有炭化植物碎片、碎屑，下部含有鲕粒，局部含有黄铁矿结核和石灰岩、黏土岩角砾，砾径0.02～0.2m。本层厚度不大，最小5.8m，最大15.25m，平均10.6m
						3.25～5.57 / 3.55	13		1号煤	1号煤：黑色，以暗煤为主，间夹亮煤条带，断口平坦状，条痕黑褐色，富含丝炭，上分层以粉末状碎块状煤为主，下分层以块状煤为主，局部含黄铁矿结核，夹矸为深灰色黏土岩。厚度 3.25~5.57m，平均厚度 3.55m
						6.25～6.57 / 6.38	14		黏土岩	黏土岩：绿灰色，块状无层理，断口平坦状，具擦痕，顶部0.4m为深灰色，较细腻，具滑面，鲕状不显，鲕粒分布不均，中部含量较多，下部含量较少，中部夹0.3m钙质粉砂岩，平均厚6.38m
古生界	奥陶系	下统	冶里组		O_1	2.56～50.34 / 25.49	15		石灰岩	石灰岩：米黄～浅灰色，显晶质结构，致密，坚硬，块状构造，微小节理及裂隙发育，裂隙宽度一般1～2mm，被方解石脉充填，具有溶孔及溶洞，内部充填有植物化石及黏土岩和石灰岩混合物

图例：黄土层　砾石　砂质砾岩　砂质黏土岩　粗砂岩　中砂岩　细砂岩　粉砂岩　黏土岩　石灰岩　煤层　植物化石　动物化石　闪长岩

图 5.2　井田综合地层柱状图

5.1.2.2 煤层

（1）1煤。位于煤系底部，厚度1.07~4.30m，含泥岩夹矸，顶板以粉砂岩为主，底板为泥岩。（2）4煤。仅有井田北部局部范围可采，厚0.80~1.30m，为结构简单的薄煤层，煤层顶板岩性为粉砂岩和粉砂质黏土岩，底板岩性为粉砂岩及泥岩。（3）5煤。大部可采，厚0.93~4.50m，夹厚约0.20m泥岩，为结构简单的薄-中厚煤层，顶板岩性为细砂岩、粉砂岩、黏土岩，底板岩性为粉砂岩、黏土岩。（4）6煤。全井田可采，厚1.00~3.65m，平均2.60m，夹厚0.25~0.78m泥岩，煤层顶板岩性为泥岩、粉砂质泥岩，局部辉绿岩，底板岩性为粉砂岩及泥岩。

5.1.2.3 构造

兴源井田位于蔚县矿区西南部，为一向东南倾斜的单斜构造，地层倾角5°~15°，局部地段因受断层影响，倾角较大。区内大小断层67条（正断层59条，逆断层8条），划分出规模较大或形态较明显的褶曲构造2个，均为向斜。井田构造以断裂为主，褶曲构造相对不发育，局部辉绿岩侵入。

5.1.3 矿井水文地质

5.1.3.1 含水层

井田含水层划分为4个，即奥陶系灰岩含水层、侏罗系下花园组煤系砂岩含水层、侏罗系九龙山组砂砾岩含水层及第四系砂砾石含水层。各含水层特征如下：

（1）奥陶系下统灰岩含水层（I_2）。该含水层为煤系基底，岩性为石灰岩、泥灰岩、白云质灰岩。揭露奥灰中上部发育溶孔，未见溶洞，下部裂隙不发育。钻孔单位涌水量0.0304~0.961L/(s·m)，富水性弱~中等，渗透系数0.243~7.85m/d，1984~1985年观测的静水位标高为957.12~957.81m，2011年9月观测值为782.87~783.68m，奥灰水位下降174m左右。该含水层水质类型为HCO_3-Na-Ca型，矿化度小于0.5g/L。

（2）下花园组下段砂岩含水层（$Ⅱ_1$）。含水层厚14.15~34.20m，有含煤地层中的细砂岩和中粗砂岩组成，钻孔单位涌水量0.000145~0.0739L/(s·m)，富水性弱，渗透系数0.00388~0.0717m/d，水位标高925.79~1014.29m，水质类型HCO_3-Cl-Na型，矿化度大于0.5g/L。

（3）下花园组上段砂岩含水层（$Ⅱ_2$）。含水层厚0~54.01m，岩性以中、细砂岩为主，局部粗砂岩，岩石固结差、易碎，富水性弱。

（4）九龙山组砂岩、砂砾岩含水层（Ⅲ）。含水层厚 0~47.53m，主要由细砂岩、砂砾岩、粗砂岩组成，具有弱富水性。

（5）第四系砂砾石含水层（Ⅴ）。含水层由上段（厚 2.0~24.85m）、中段（厚 0~23.45m）、下段（厚 0~15.0m）三段组成，岩性为粗砂、砾石、砾卵石。下段钻孔单位涌水量 0.222L/(s·m)，富水性弱-中等，渗透系数为 3.38m/d，水位标高 1035.535m。水质为 HCO_3-Na-Ca 型，矿化度小于 0.5g/L；中段富水性中等-强。上段钻孔单位涌水量 0.00739~0.185L/(s·m)，富水性为弱-中等，渗透系数 0.452~3.25m/d，静水位标高 994~1025.47m，水质为 HCO_3-Na-Mg 型，矿化度小于 0.5g/L。

5.1.3.2　隔水层

（1）第四系黏性土隔水层：

1）第四系上段含水层与中段含水层间黏性土隔水层。该隔水层分布较稳定，厚度 24.50~61.45m，岩性为黏土、亚黏土及亚砂土。2）第四系中段含水层与下段含水层间黏性土隔水层。该隔水层分布较稳定，厚度 19.90~50.48m，岩性为黏土、亚黏土及亚砂土。3）第四系下段底部含水层至基岩面黏性土隔水层。该隔水层分布不稳定，厚度 0~57.70m，矿井西北至东南第四系底部砂砾石含水层大面积与基岩接触，隔水性能不好，如图 5.3 所示。

（2）煤系上段泥岩、粉砂岩隔水层。该隔水层分布于 7 煤顶板以上砂岩含水层之间，分布不稳定，隔水层岩性主要为泥岩、砂质泥岩及粉砂岩，厚度 0~89.00m。

（3）煤系下段泥岩、粉砂岩隔水层。该隔水层分布于 7 煤底板以下砂岩含水层之间，分布较稳定，隔水层岩性主要为泥岩、砂质泥岩及粉砂岩，厚度 36.71~57.59m，隔水性能较好。

5.1.3.3　各含水层间水力联系

（1）第四系各含水层间水力联系。第四系各含水层间均分布有较稳定的黏性土隔水层，使其含水层间水力联系不密切，如观 14-1 孔第四系下段含水层抽水试验，静水位埋深 2.59m，水头高出含水层顶板 170.99m，说明第四系下段含水层顶部有稳定的隔水层存在，形成承压水头，与上部含水层无水力联系。

（2）第四系底部含水层与煤系砂岩含水层间水力联系。第四系底部隔水层分布不稳定，厚度 0~57.70m，矿井西北至东南第四系底部砂砾石含水层大面积与基岩接触，但由于基岩顶部有泥岩、粉砂岩隔水层存在（图 5.4），使其水力联系不密切，如观 14-1 孔第四系底部含水层静水位标高 1035.535m，而煤系砂岩

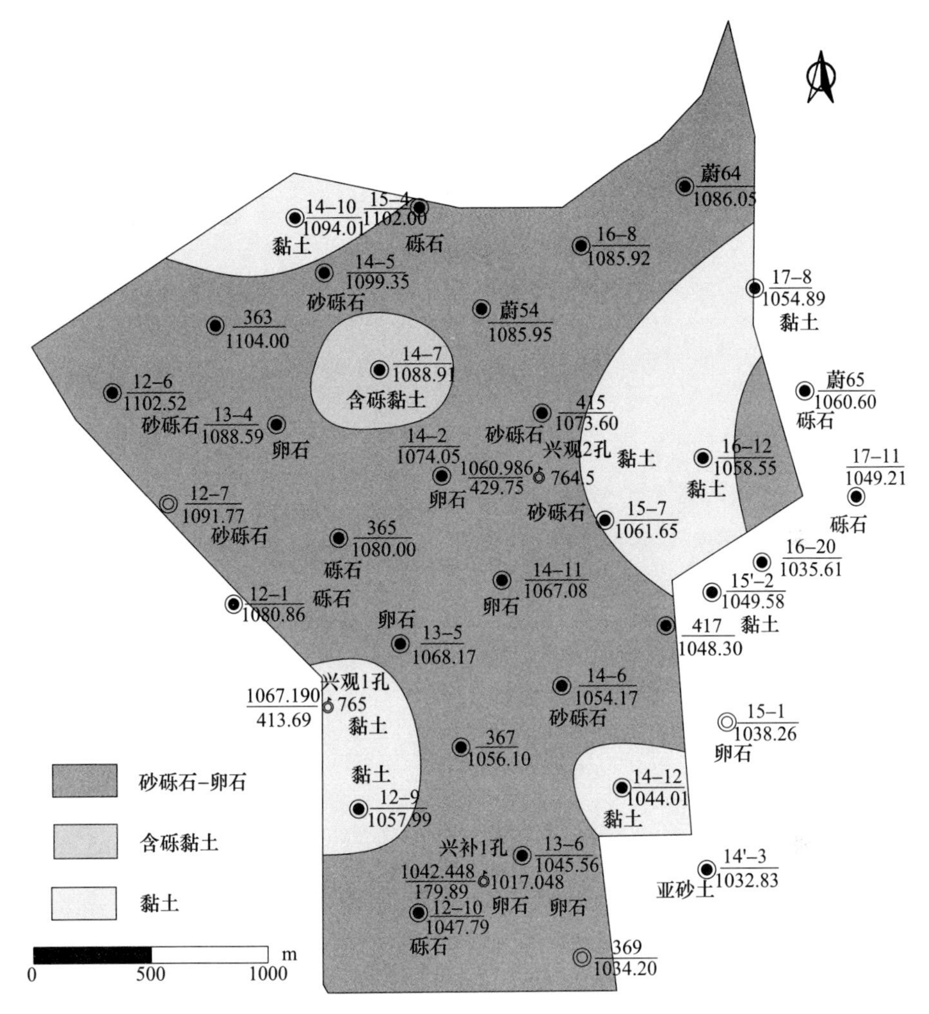

图 5.3　第四系下段底部含水层至基岩面间岩性

含水层 925.73～944.1m，两者水位差 91.13～109.81m。

（3）煤系砂岩含水层间水力联系。煤系砂岩含水层间分布有一定厚度的泥岩、粉砂岩，在无导水构造下含水层间水力联系微弱。

（4）煤系基底奥灰含水层与煤系砂岩含水层间水力联系。煤系下部 1 煤底板与基底奥灰含水层间发育一层鲕状泥岩隔水层，厚度 1.37～9.35m，正常情况下，奥灰含水层与煤系砂岩含水层间水力联系微弱。

5.1.3.4　地下水补给、径流、排泄条件

奥灰含水层渗透性较好，但补给条件相对较差，矿区西北、西南与东北有

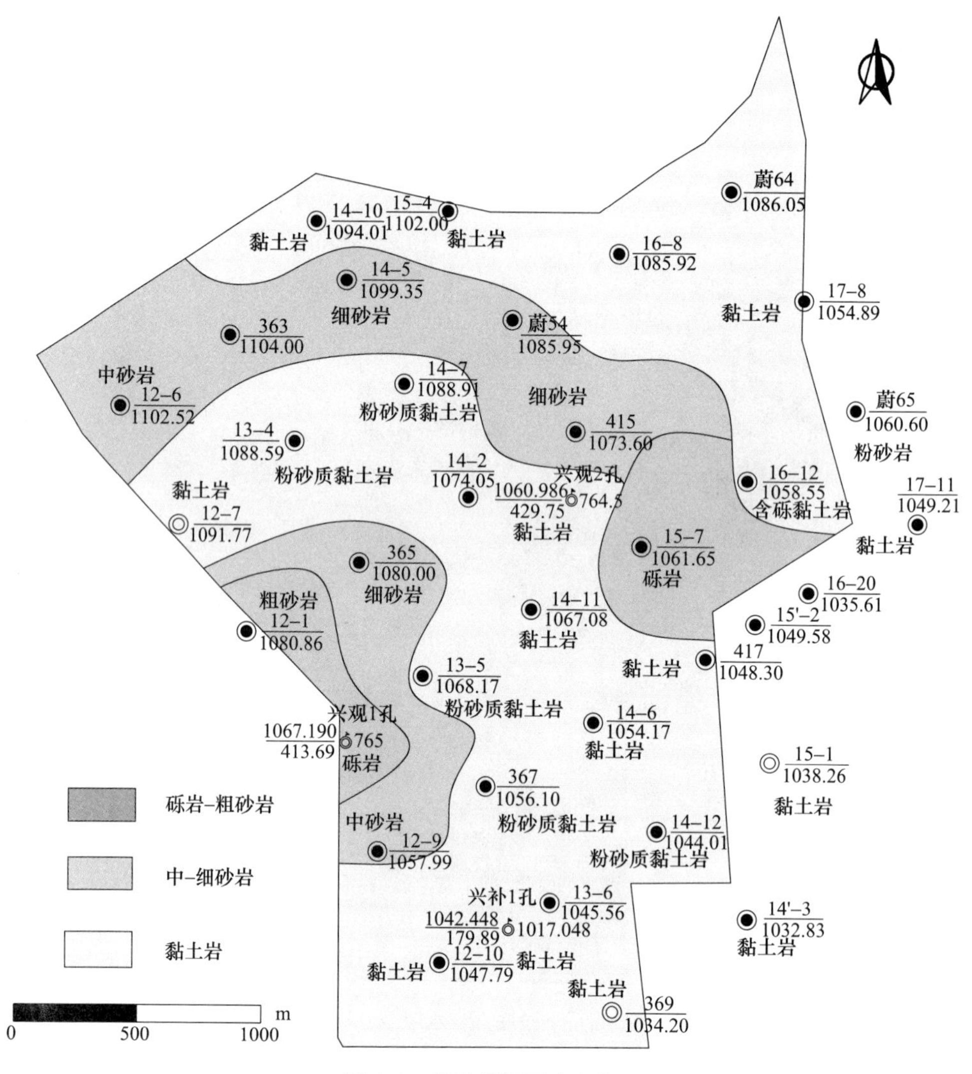

图 5.4　基岩顶部覆岩岩性

三个进水口，故矿区基底灰岩水处于一个半封闭的蓄水构造中。在三个进水口以西及北部寒武系、奥陶系灰岩分布面积约 770km²，计算奥灰水天然补给量 5392.8m³/h，在壶流河北岸，排泄区水神堂泉，暖泉泉水总排泄量 2988m³/h（泉水至 2007 年 12 月泉水全部干枯），补给区灰岩水全部进入矿区。北部月山侏罗系出露面积约 150km²，风化裂隙较发育，主要接受大气降水补给，滞缓的由北向南径流，排泄条件差。第四系地下水主要接受大气降水的补给，穿过井田内径流，在壶流河附近形成自流区，以泉或取水井形式排泄，如图 5.5 所示。

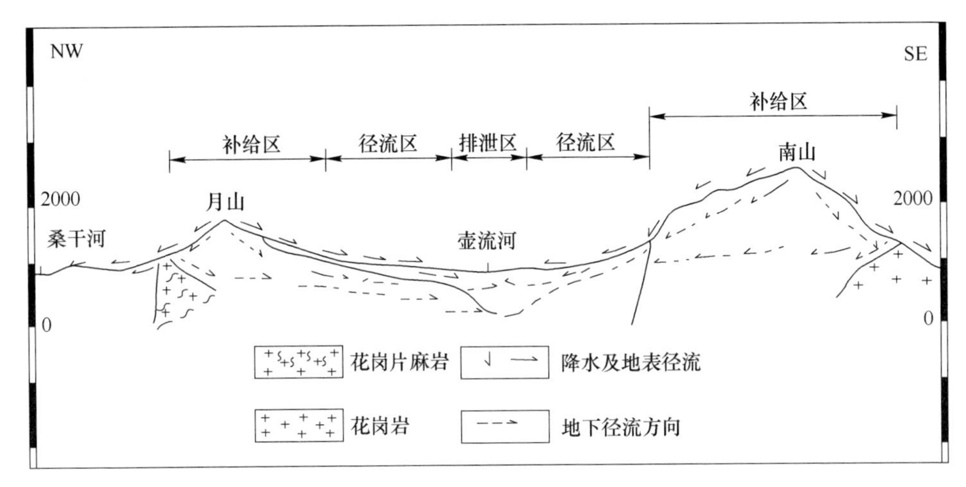

图 5.5 地下水系统补、径、排关系示意图

5.2 薄基岩区第四系松散层底部含水层沉积与水文地质特征

5.2.1 第四系松散层厚度分布特征

薄基岩区域位于 6406 运输顺槽及四采区 6 煤运输巷南翼以南，走向长 1.5km，倾斜长 0.6km，面积约 0.9km^2，该区域 6 煤地质储量 312 万吨（图 5.6）。

井田处于月山、南山前倾斜平原，含煤地层上沉积了一定厚度的第四系冲积层。含煤地层形成后，经过漫长的地质历史时期和多期构造运动作用，再经过后期的风化剥蚀作用，形成了凹凸不平的第四系松散层沉积的古基底。古沉积基底受控于古构造作用，而松散层厚度的变化则受控于基岩面起伏形态和地表地形，加之古河道变迁比较频繁，使得第四系冲积层厚度分布并不均匀。为查明基岩古地形对上覆松散层厚度的控制作用，对薄基岩区内 18 个钻孔的基岩标高和松散层厚度进行统计，并绘出等值线，如图 5.7、图 5.8 所示。从图中可以看出，四采区南部薄基岩区其上第四系松散层厚度为 140～235m，变化幅度较大，由西北向东南方向厚度逐渐增加；随着基岩面标高的增加，松散层厚度减小，随着基岩面标高的降低，松散层厚度随之增加，基岩面低凹区松散层厚度可达 200m 以上。

5.2.2 第四系松散层垂直分带特征

第四系松散层一般具有垂直分带性，表现在多旋回沉积，每一个旋回由含水的粉砂、细砂、中砂、粗砂、砾石、卵石等和隔水的黏土等组成，多个旋回叠加在一起便形成了含水层（组）和隔水层（组）交互沉积的多层结构[76]。

根据第四系松散层的沉积特征，该区域松散层自上而下可以划分为上段（一

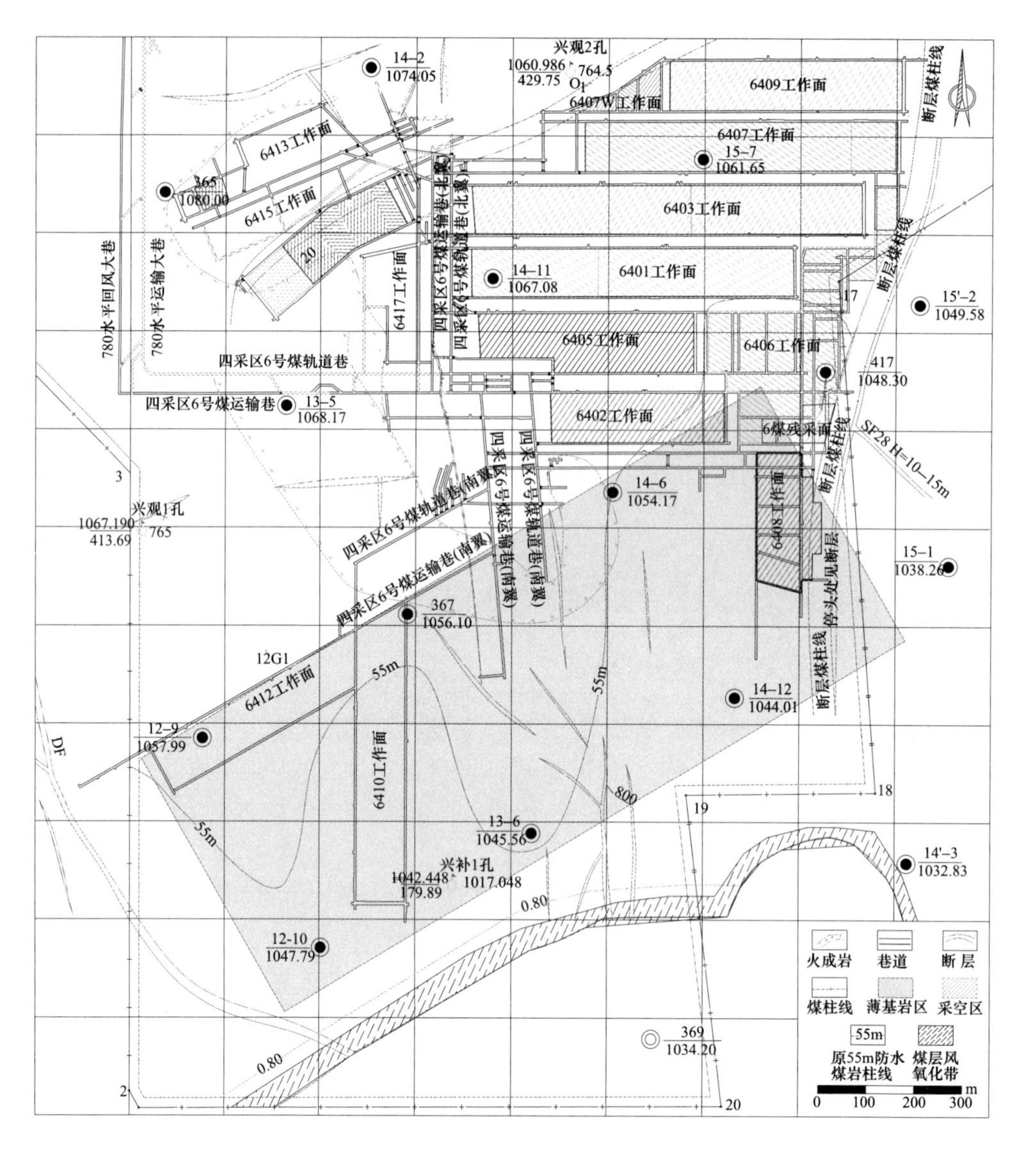

图 5.6　薄基岩区范围与位置

含）、中段（二含）、下段（底含）三个含水层组和相应的隔水层组，其中对开采影响比较大的是第四系下段砂砾石含水层。“底含”与第一水平煤层的开采有着密切的关系，尤其在留设安全煤岩柱时，既要保证矿井安全生产，又要尽可能地开采煤炭资源，必须考虑“底含”在空间上的分布规律。根据煤田勘探钻孔及水文地质补充勘探钻孔，对第四系松散层沉积物进行对比，如图 5.9 所示，A-A'水文地质剖面如图 5.10 所示。

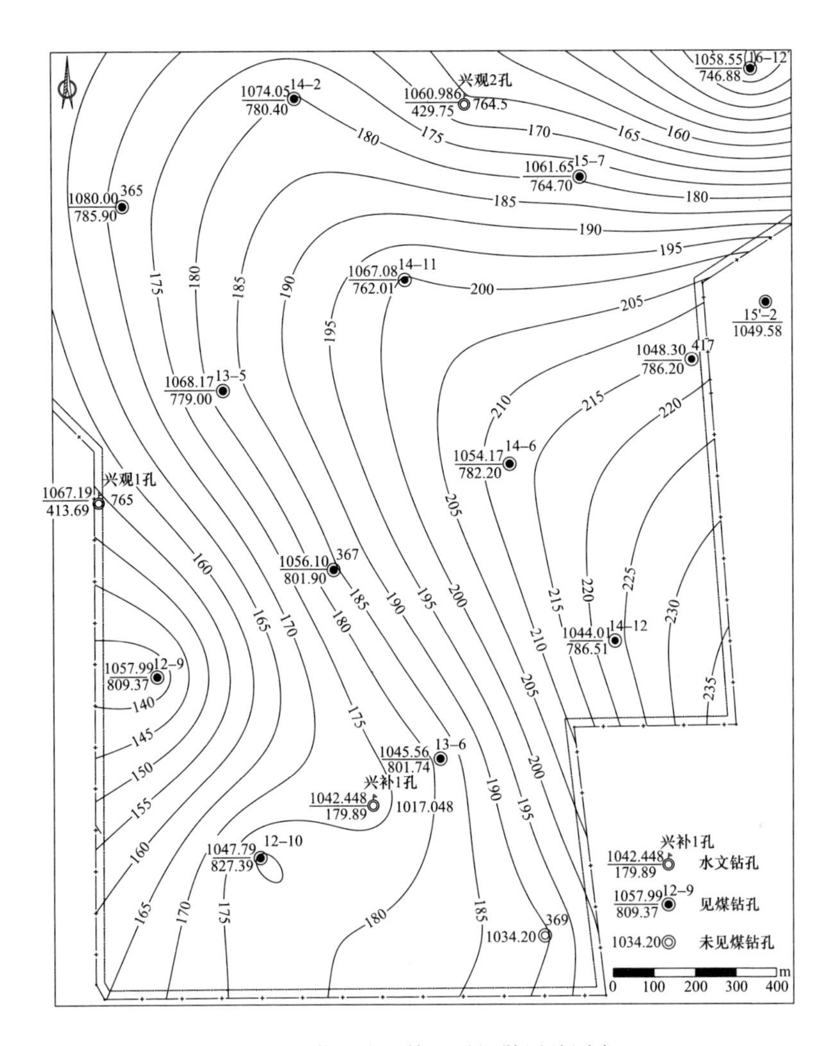

图 5.7 薄基岩区第四系松散层总厚度

5.2.3 第四系底部含水层沉积物组成

薄基岩区底部含水层沉积物主要是卵砾石、黏土及局部细砂。砾石的特点是杂色，成分以安山岩为主，次为凝灰岩、燧石等，分选差，次棱角状磨圆，砾径为 10~30mm，偶见大于钻孔孔径砾石；卵石的特点是杂色，成分主要为安山岩，次为凝灰岩、燧石等，分选差，次棱角状磨圆，砾径为 30mm~50mm，见大于 50mm 砾石，个别大于钻孔孔径；黏土的特点是黄色，手感滑腻，具可塑性，手搓可成 1~2mm 泥条；局部夹细砂，其特点是黄色，成分主要为石英，含粉砂薄层。

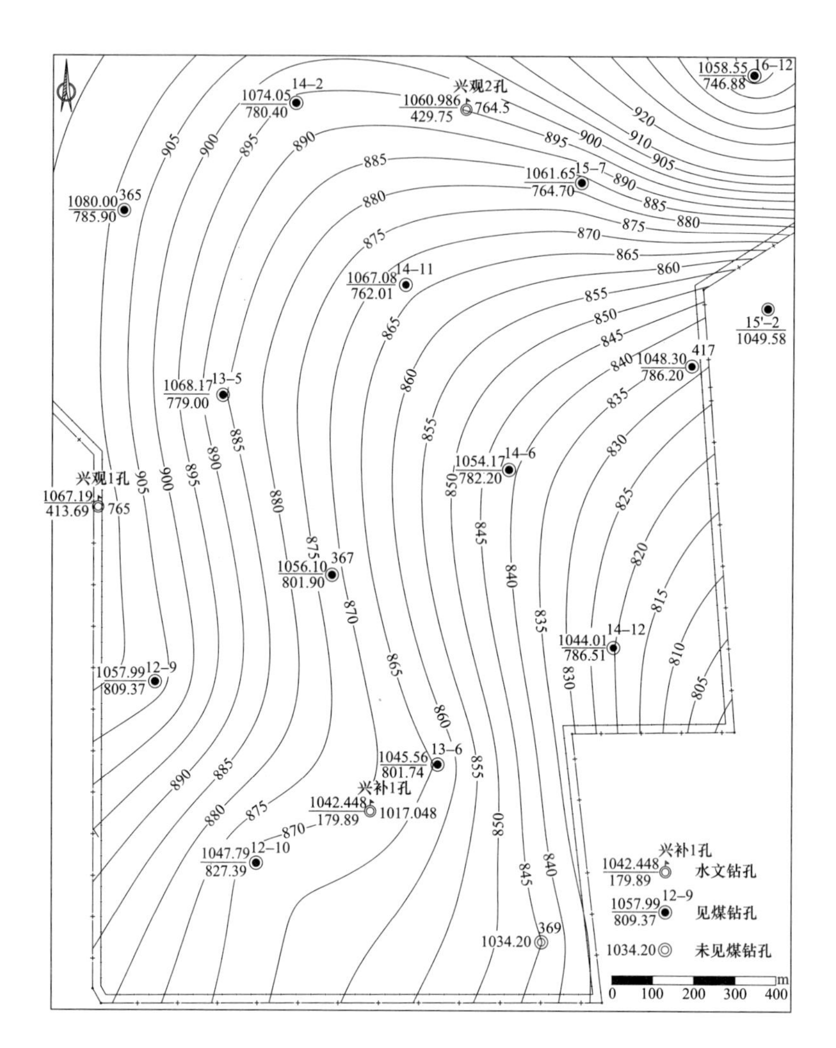

图 5.8 薄基岩区第四系松散层底界面标高

5.2.4 第四系底部含水层厚度分布特征

前面统计了各钻孔第四系底部含水层的厚度，基于 Surfer 软件绘制了含水层厚度等值线云图，得出了松散层底部含水层厚度的平面分布规律，如图 5.11 所示。

第四系下段砂砾石含水层平面分布特征为：含水层分布较稳定，在西北~东南方向沿 13-5 孔~兴补 1 孔及沿 13-5 孔~14-12 孔方向砂砾石含水层厚度较大，厚度为 30.00~53.94m，向两侧渐变薄，推断该地段可能为古河道的中心地段。

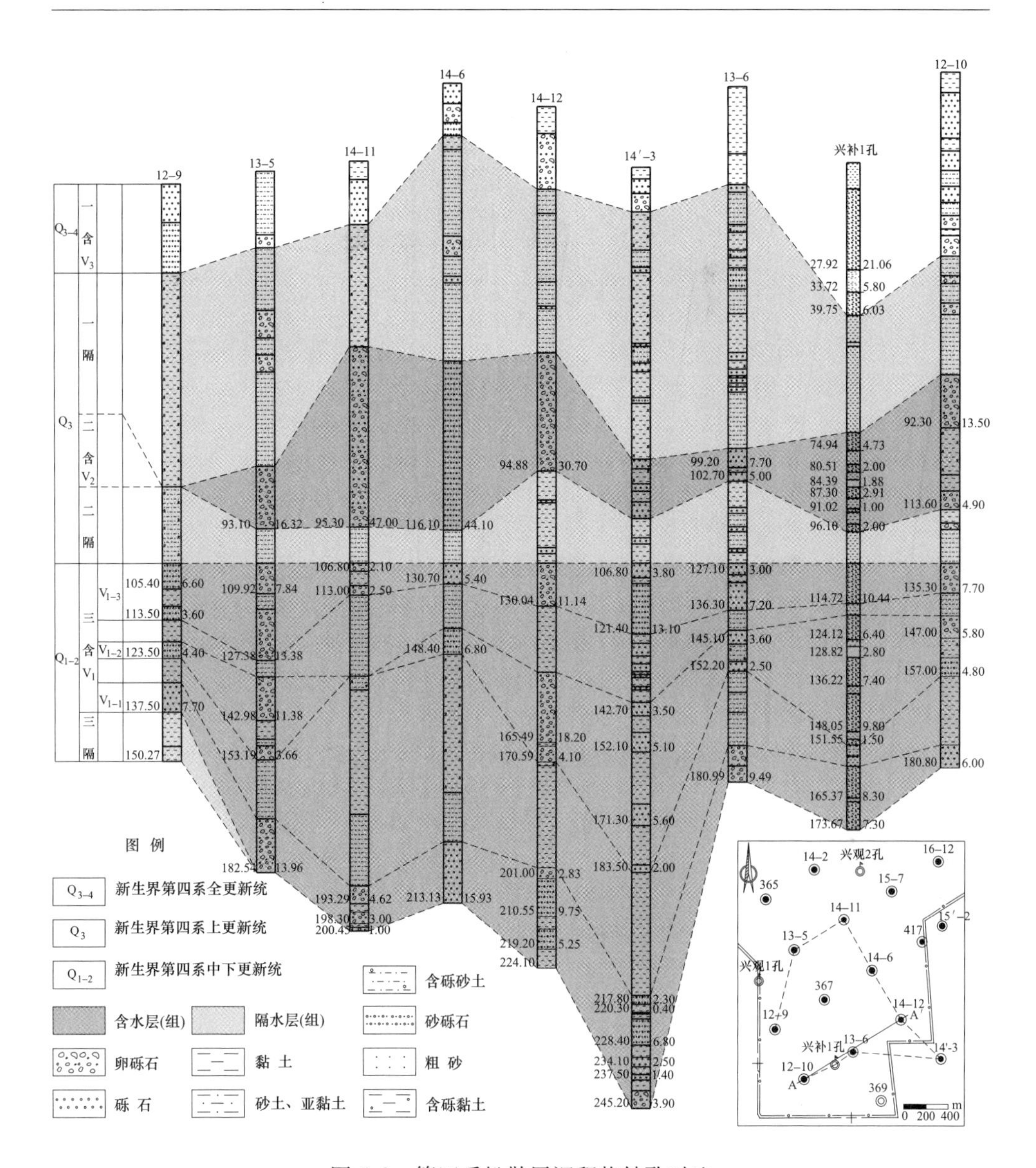

图 5.9 第四系松散层沉积物钻孔对比

5.2.5 第四系底部含水层垂直结构特征

兴源矿第四系下段砂砾石含水层在垂直方向由上至下可划分为三个亚段：

(1) 第一亚段（$V_{1\text{-}1}$）。位于第四系下段的上部，顶部为厚度较稳定的亚黏土、黏土隔水层，含 1～2 层砂砾石、砾卵石，厚度 6.80～18.20m，平均 10.08m。通过兴补 1 孔水文扩散法测井资料分析，该亚段含水层富水性中等。

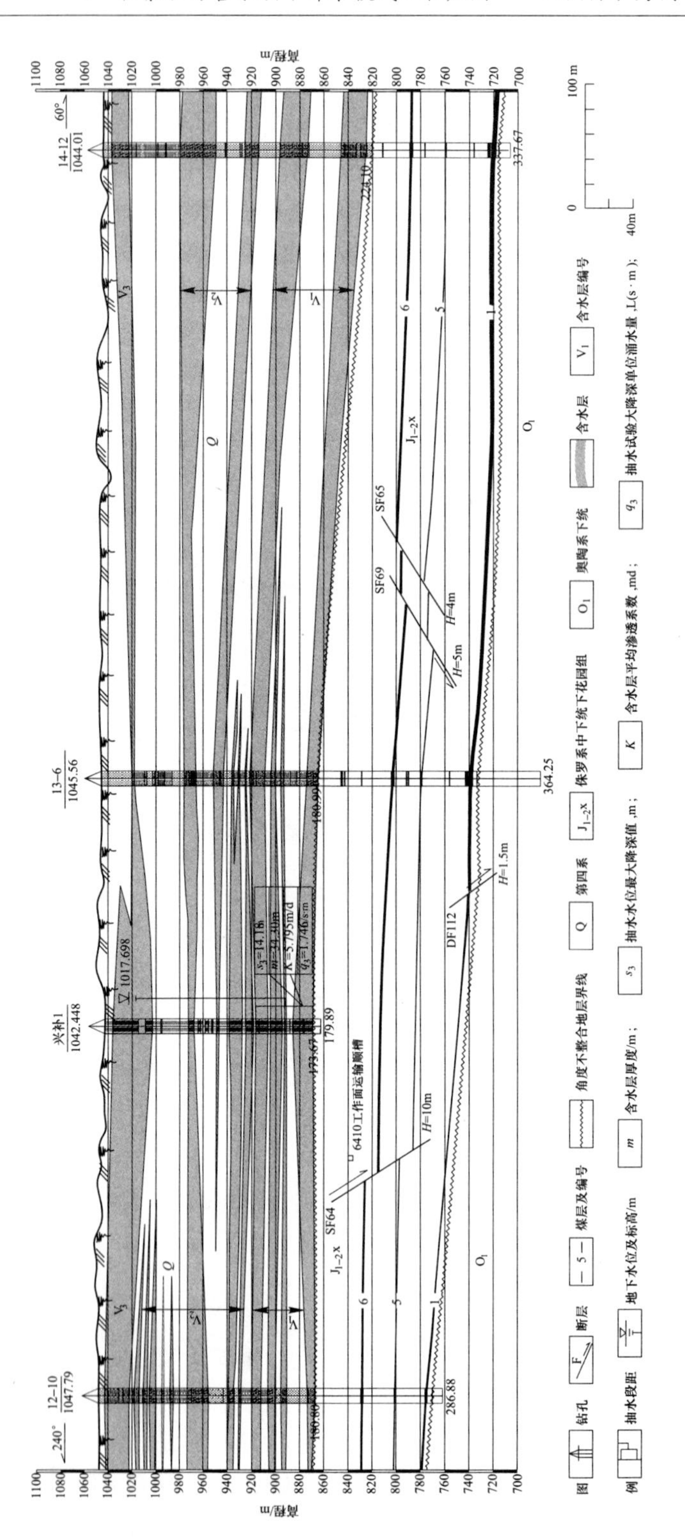

图 5.10　A-A′水文地质剖面图

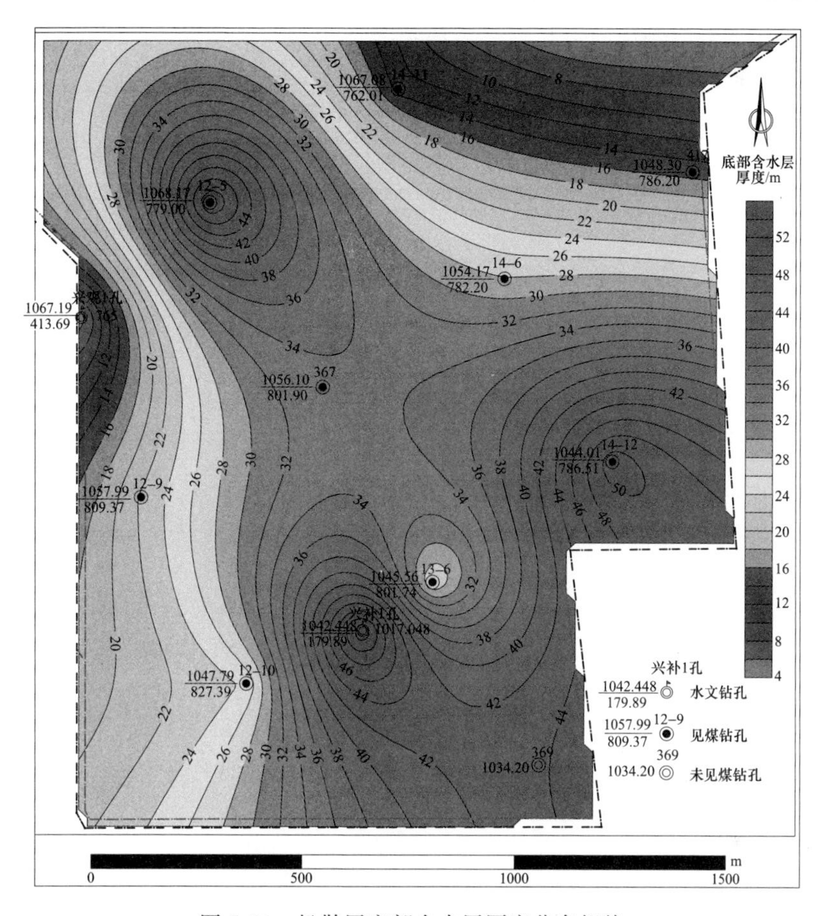

图 5.11 松散层底部含水层厚度分布规律

（2）第二亚段（V_{1-2}）。位于第四系下段的中部，其顶部与第一亚段含水层间赋存一层黏土、亚黏土层，厚度 1.00~5.90m。含 0~2 层砂砾石、砾卵石，厚度 0~12.10m，平均 7.34m。通过兴补 1 孔水文扩散法测井资料分析，该亚段含水层富水性强。

（3）第三亚段（V_{1-3}）。位于第四系下段的下部，其顶部与第二亚段含水层间赋存一层黏土、亚黏土层，厚度 5.52~27.58m。含 0~2 层砂砾石、砾卵石，厚度 0~17.83m，平均 10.80m。通过兴补 1 孔水文扩散法测井资料分析，该亚段含水层富水性强。

5.2.6 第四系底部含水层水文地质参数的确定

5.2.6.1 渗透系数和影响半径

渗透系数和影响半径可为含水层富水性的评价提供依据。实际水文地质（补充）勘探工程中通常采用单孔稳定流抽水试验获得含水层水文地质参数和钻孔单位涌水量，即流量和水位降深均相对稳定，不随时间变化。图 5.12 为兴补 1 孔三个抽水落程的抽水量与降深历时曲线。

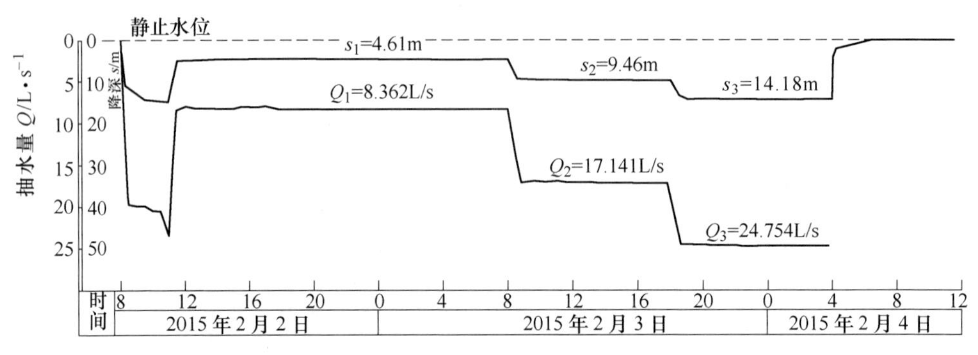

图 5.12 兴补 1 孔抽水试验抽水量与水位降深历时曲线

根据地下水动力学理论，承压水向完整井运动的 Dupuit 公式为：

$$K = 0.366 \frac{Q}{ms} \lg \frac{R}{r_w} \tag{5.1}$$

式中 K——渗透系数，m/d；

Q——抽水量，L/s；

m——含水层厚度，m；

s——降深，m；

R——影响半径，m；

r_w——抽水孔半径，m。

影响半径 R 与渗透系数 K 的经验公式为：

$$R = 10s\sqrt{K} \tag{5.2}$$

根据迭代法即可求出相应的渗透系数和影响半径，不考虑井损的影响，计算结果见表 5.1。

表 5.1 渗透系数和影响半径结果

抽水阶段	抽水量 Q/L·s^{-1}	降深 s/m	影响半径 R/m	渗透系数 K/m·d^{-1}	
抽水第一落程	8.362	4.61	107.2	5.404	$\overline{K}$=5.795m/d
抽水第二落程	17.141	9.46	230.9	5.956	
抽水第三落程	24.754	14.18	348.1	6.025	

5.2.6.2 钻孔单位涌水量的换算

《煤矿防治水细则》（2018）规定，在评价含水层富水性时，当口径、降深与标准（91mm、10m）不符时，钻孔单位涌水量换算公式为：

$$Q_{91} = Q_{孔}\left(\frac{\lg R_{孔} - \lg r_{孔}}{\lg R_{91} - \lg r_{91}}\right) \tag{5.3}$$

式中 Q_{91}，R_{91}，r_{91}——孔径为 91mm 的钻孔的涌水量、影响半径和钻孔半径；

$Q_{孔}$，$R_{孔}$，$r_{孔}$——孔径为 r 的钻孔的涌水量、影响半径和钻孔半径。

根据抽水试验三次落程的降深和涌水量数据拟合 Q-s 两者之间的关系（图 5.13），得 $Q=1.754s+0.180$，当抽水水位降深 10m 时，涌水量为 17.72L/s，影响半径 $R=242.0$m，渗透系数 $K=5.858$m/d。当 $r_{孔}$ 和 r_{91} 相差不大时，$R_{孔}$、R_{91} 视为相等。

$$Q_{91} = 17.72\left(\frac{\lg 242.0 - \lg 0.0635}{\lg 242.0 - \lg 0.0455}\right) = 17.01\text{L/s}$$

最后，将上述涌水量除以 10 便是钻孔单位涌水量，兴补 1 孔换算后的标准钻孔单位涌水量为 1.701L/s·m。

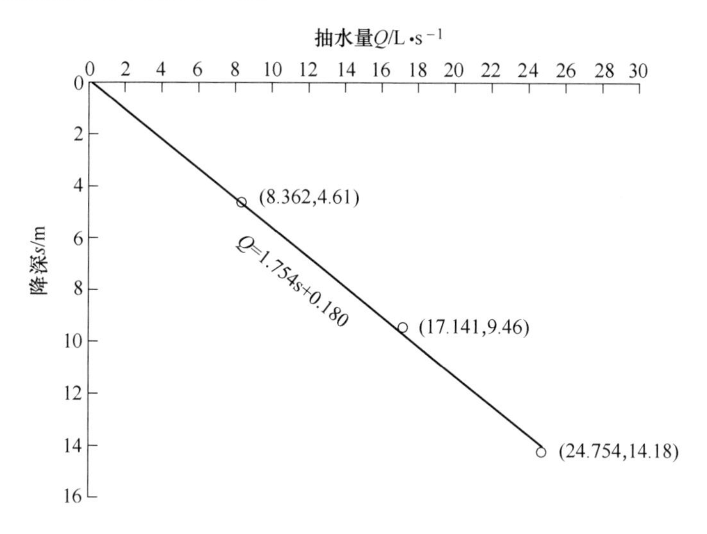

图 5.13 Q-s 拟合曲线

5.3 基于可拓物元理论的含水层富水性等级划分与分区

能否准确地评定松散含水层的富水性等级直接关系到开采模式的选择，由于富水性受多种因素影响，有些因素属于富水性强的一类，而有些因素属于富水性中等的一类，因此有必要借助数学模型决策含水层的富水性等级属于哪一类。本节采用层次分析法（AHP）确定各评价指标权重，基于可拓学理论建立含水层富水性评价物元模型，并对薄基岩区松散含水层进行富水性等级评定与分区。

5.3.1　物元分析法基本原理

可拓物元法由蔡文于20世纪80年代提出，可广泛应用于自然科学和社会科学领域内的决策、管理、评价等问题。该方法主要是以“事物、特征及事物关于该特征的量值”三个要素组成的基本元来描述任一事物为主要思想，以物元理论和可拓数学为理论框架[157-159]。

如果事物 N 有多个特征，并以 n 个特征 c_1，c_2，…，c_n 及相应的量值 v_1，v_2，…，v_n 来描述，则 n 维物元表示为：

$$\boldsymbol{R}=\begin{bmatrix}R_1\\R_2\\\vdots\\R_n\end{bmatrix}=\begin{bmatrix}N & c_1 & v_1\\ & c_2 & v_2\\ & \vdots & \vdots\\ & c_n & v_n\end{bmatrix}\tag{5.4}$$

式中，$\boldsymbol{R}$ 为 n 维物元，R_i 为 R 的分物元，c_i 为物元特征，v_i 为物元特征对应的量值。

计算步骤如下：

（1）建立待评物元。根据实际情况对某事物特征进行评价，确定多个特征量实测值，建立相应物元矩阵。

$$\boldsymbol{R}_0=\begin{bmatrix}P_0 & c_1 & v_1\\ & c_2 & v_2\\ & \vdots & \vdots\\ & c_n & v_n\end{bmatrix}\tag{5.5}$$

式中　P_0——待评物元；

v_i——对待评单元第 i 项特征进行分析的原始数据。

（2）确定经典域和节域：

$$\boldsymbol{R}_j=(N_j,\ \boldsymbol{c},\ \boldsymbol{V}_{ji})=\begin{bmatrix}N_j & c_1 & V_{j1}\\ & c_2 & V_{j2}\\ & \vdots & \vdots\\ & c_n & V_{jn}\end{bmatrix}=\begin{bmatrix}N_j & c_1 & \langle a_{j1},\ b_{j1}\rangle\\ & c_2 & \langle a_{j2},\ b_{j2}\rangle\\ & \vdots & \vdots\\ & c_n & \langle a_{jn},\ b_{jn}\rangle\end{bmatrix}\tag{5.6}$$

$$\boldsymbol{R}_P=(N,\ \boldsymbol{c},\ \boldsymbol{V}_{pi})=\begin{bmatrix}N_p & c_1 & V_{p1}\\ & c_2 & V_{p2}\\ & \vdots & \vdots\\ & c_n & V_{pn}\end{bmatrix}=\begin{bmatrix}N_p & c_1 & \langle a_{p1},\ b_{p1}\rangle\\ & c_2 & \langle a_{p2},\ b_{p2}\rangle\\ & \vdots & \vdots\\ & c_n & \langle a_{pn},\ b_{pn}\rangle\end{bmatrix}\tag{5.7}$$

式中　N_j——所划分的 j 个等级；

$c_i(i=1,2,\cdots,n)$——等级 N_j 的特征，经典域 V_{ji} 分别为 N_j 关于特征 c_i 所规定的

量值范围；

N_p——等级的全体；

V_{pi}——N_p 关于 c_i 所取的量值范围。

（3）确定关联函数与关联度。关联函数表示当物元的量值取为实轴上的一点时，物元符合所要求的取值范围的程度，其值为关联度。各评价指标 v_i 关于各评价等级 j 的关联度以 $K_j(v_i)$ 表示，关联函数为：

$$K_j(v_i)=\begin{cases}-\dfrac{\rho(v_i,\ v_{ji})}{|a_{ji}-b_{ji}|}, & v_i\in v_{ji}\\ \dfrac{\rho(v_i,\ v_{ji})}{\rho(v_i,\ v_{pi})-\rho(v_i,\ v_{ji})}, & v_i\notin v_{ji}\end{cases} \tag{5.8}$$

其中，$\rho(v_i,\ v_{ji})=\left|v_i-\dfrac{1}{2}(a_{ji}+b_{ji})\right|-\dfrac{1}{2}(b_{ji}-a_{ji})=\begin{cases}a_{ji}-v_i,\ v_i\leqslant\dfrac{a_{ji}+b_{ji}}{2}\\ v_i-b_{ji},\ v_i>\dfrac{a_{ji}+b_{ji}}{2}\end{cases}$

$$\rho(v_i,\ v_{pi})=\left|v_i-\frac{1}{2}(a_{pi}+b_{pi})\right|-\frac{1}{2}(b_{pi}-a_{pi})=\begin{cases}a_{pi}-v_i,\ v_i\leqslant\dfrac{a_{pi}+b_{pi}}{2}\\ v_i-b_{pi},\ v_i>\dfrac{a_{pi}+b_{pi}}{2}\end{cases}$$

（4）确定待评物元 P_0 对各等级 j 的综合关联度。综合关联度 $K_j(P_0)$ 是待评单元的各评价指标关于评价等级 j 的关联度 $K_j(v_i)$ 的加权值，即：

$$K_j(P_0)=\sum_{i=1}^{n}w_iK_j(v_i) \tag{5.9}$$

式中 w_i——第 i 项特征的权重；

$K_j(P_0)$——待评单元 P_0 属于第 j 级的综合关联度。

（5）确定待评物元 P_0 等级评定。

若：

$$K_j=\max\{K_j(P_0)\},\ (j=1,\ 2,\ 3,\ \cdots,\ m) \tag{5.10}$$

则待评单元 P_0 的富水性等级为 j 级。

5.3.2 评价指标与权值确定

5.3.2.1 松散层含水层富水性分类等级

若一个采区只有一个水文地质钻孔，则单一的钻孔单位涌水量指标不适合大范围的富水性分类；且含水层的富水性往往受其沉积物的颗粒大小、厚度、补给条件等多因素的影响。因此，选取含水层厚度 m、黏土层所占“底含”比例、钻

孔单位涌水量 q、渗透系数 K 作为评价指标。富水性分类等级见表 5.2。

表 5.2 松散含水层富水性分类等级

富水性分类	富水程度	含水层厚度 m/m	黏土层所占“底含”比例	钻孔单位涌水量 q/L·(s·m)$^{-1}$	渗透系数 K/m·d^{-1}
Ⅰ	极强	>30	0~0.25	>5.0	>50
Ⅱ	强	15~30	0.25~0.50	1.0~5.0	10~50
Ⅲ	中	5~15	0.50~0.75	0.1~1.0	1~10
Ⅳ	弱	<5	0.75~1.0	<0.1	<1

5.3.2.2 基于 AHP 的各因素权重确定

层次分析法（AHP）是将人的定性主观判断，根据 T. L. Saaty 的 1~9 标度法，转换为一个定量的判断矩阵，根据层次结构模型，咨询多位专家意见，根据各因素的累计得分情况进行各因素比较，参照表 5.3 进行打分。

表 5.3 1~9 级标度含义设定表[160]

标　度	含　　义
1	表示两个元素相比，重要性相等
3	表示两个元素相比，前者比后者稍微重要
5	表示两个元素相比，前者比后者明显重要
7	表示两个元素相比，前者比后者强烈重要
9	表示两个元素相比，前者比后者极端重要
2、4、6、8	表示上述相邻判断中间值
倒数：若元素 i 和元素 j 重要性之比为 a_{ij}，那么元素 j 与元素 i 重要性之比为 $1/a_{ij}$	

根据层次分析法，最终确定各因素权重为 $w=(0.4921\ 0.1038\ 0.2686\ 0.1354)$。

5.3.3 评价结果

根据含水层富水性等级模型，建立经典域、节域、待评物元，并计算各因素关于等级的关联系数，结果如下。

经典域：

$$\boldsymbol{R}_{01}=\begin{bmatrix} N_{01} & c_1 & \langle 30,\ 60\rangle \\ & c_2 & \langle 0,\ 0.25\rangle \\ & c_3 & \langle 5,\ 20\rangle \\ & c_4 & \langle 50,\ 100\rangle \end{bmatrix},\ \boldsymbol{R}_{02}=\begin{bmatrix} N_{02} & c_1 & \langle 15,\ 30\rangle \\ & c_2 & \langle 0.25,\ 0.50\rangle \\ & c_3 & \langle 1.0,\ 5.0\rangle \\ & c_4 & \langle 10,\ 50\rangle \end{bmatrix}$$

$$R_{03}=\begin{bmatrix} N_{03} & c_1 & \langle 5,\ 15\rangle \\ & c_2 & \langle 0.50,\ 0.75\rangle \\ & c_3 & \langle 0.1,\ 1.0\rangle \\ & c_4 & \langle 1,\ 10\rangle \end{bmatrix},\ R_{04}=\begin{bmatrix} N_{04} & c_1 & \langle 0,\ 5\rangle \\ & c_2 & \langle 0.75,\ 1.0\rangle \\ & c_3 & \langle 0,\ 0.1\rangle \\ & c_4 & \langle 0,\ 1\rangle \end{bmatrix}$$

节域：

$$R_p=\begin{bmatrix} N_p & c_1 & \langle 0,\ 60\rangle \\ & c_2 & \langle 0,\ 1\rangle \\ & c_3 & \langle 0,\ 20\rangle \\ & c_4 & \langle 0,\ 100\rangle \end{bmatrix}$$

以兴补1孔为例，其待评物元为：

$$R_0=\begin{bmatrix} P_0 & c_1 & 53.94 \\ & c_2 & 0.22 \\ & c_3 & 1.701 \\ & c_4 & 5.795 \end{bmatrix}$$

根据公式（5.8），计算得关联系数为：

$$R_{4\times 4}=\begin{bmatrix} 0.2020 & -0.7980 & -0.8653 & -0.8898 \\ 0.1200 & -0.1200 & -0.5600 & -0.7067 \\ -0.6598 & 0.1753 & -0.2918 & -0.4849 \\ -0.8841 & -0.4205 & 0.4672 & -0.4528 \end{bmatrix}$$

将关联系数矩阵 $R_{4\times 4}$ 和各因素权值 w 代入式（5.9），得综合关联度向量为：

$$K_{1\times 4}=(-0.1851\ -0.4150\ -0.4991\ -0.7028)$$

通过计算，兴补1孔待评物元富水等级为Ⅰ级，表明该钻孔区域属极强富水区。

基于Arcgis软件对整个薄基岩区进行了网格化（20×20m），每个网格附有4个属性（图5.14），分别是含水层厚度 m、黏土层所占“底含”比例、钻孔单位涌水量 q、渗透系数 K，每个网格就是一个待评物元。

借助VC语言开发了可拓物元模型计算程序，得出每个待评物元富水性等级，将所有网格单元的结果归类，从而得到薄基岩区富水性等级综合分区图（图5.15）。

从图5.15中可以看出，含水层富水性可划分为三个区：

（1）富水性中等区。该区分布在位于薄基岩区的西南及东北部两个区块，分布面积0.31km^2。该区含水层厚度5~15m，含水层岩性主要为砂砾石。该区含水层富水性相对较弱，属中等富水区。

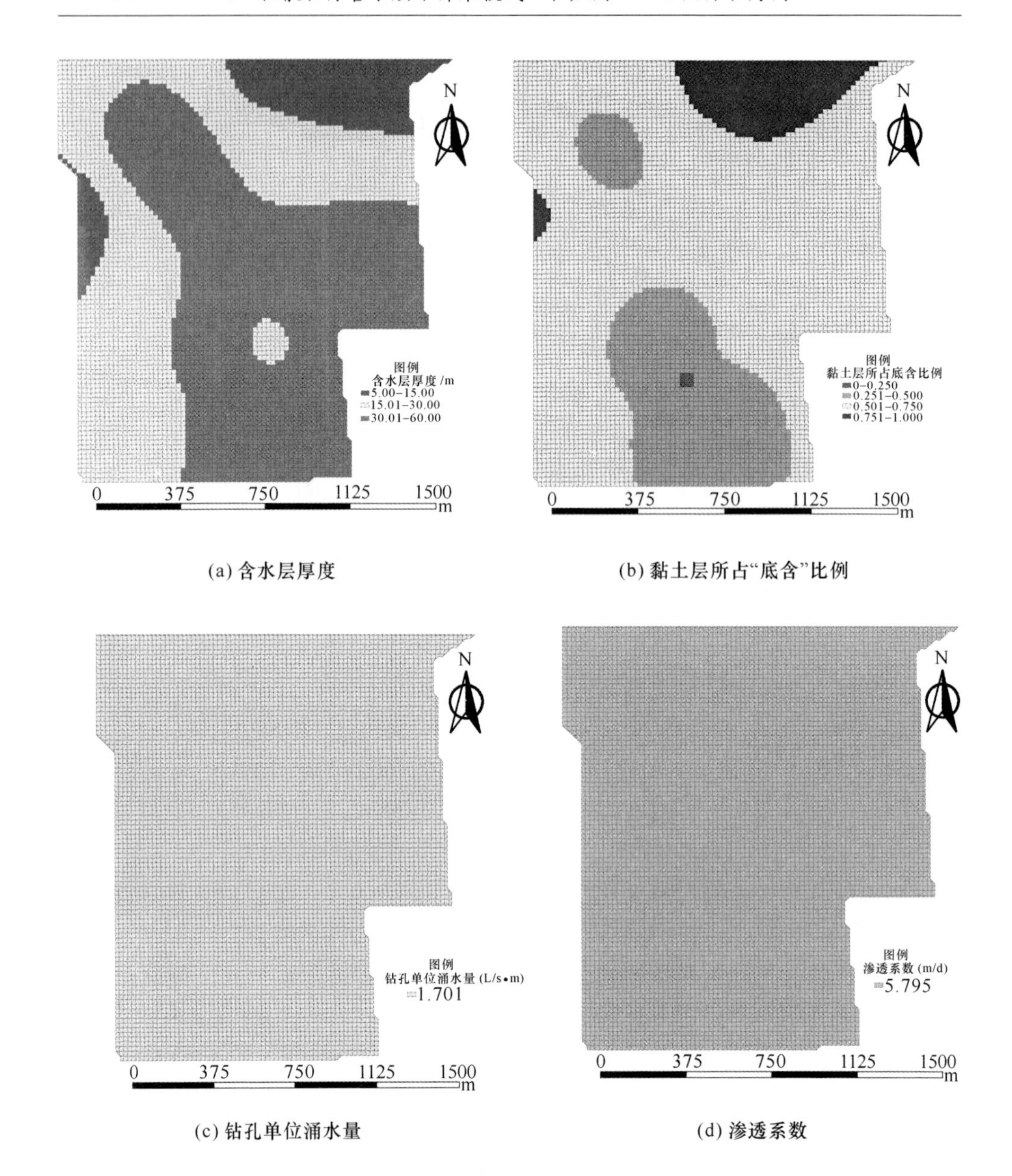

(a) 含水层厚度　(b) 黏土层所占“底含”比例

(c) 钻孔单位涌水量　(d) 渗透系数

图 5.14　各因素子专题图

（2）富水性强区。该区分布在中等区与极强区之间的过渡地带，分布面积1.86km^2。含水层厚度15~30m，含水层岩性主要为砂砾石、砾石，该区属强富水区。

（3）富水性极强区。该区分布在位于四采区薄基岩区的西南部及东部，分布面积0.44km^2。该区含水层厚度大于30m，含水层岩性主要为砾石、卵石，为

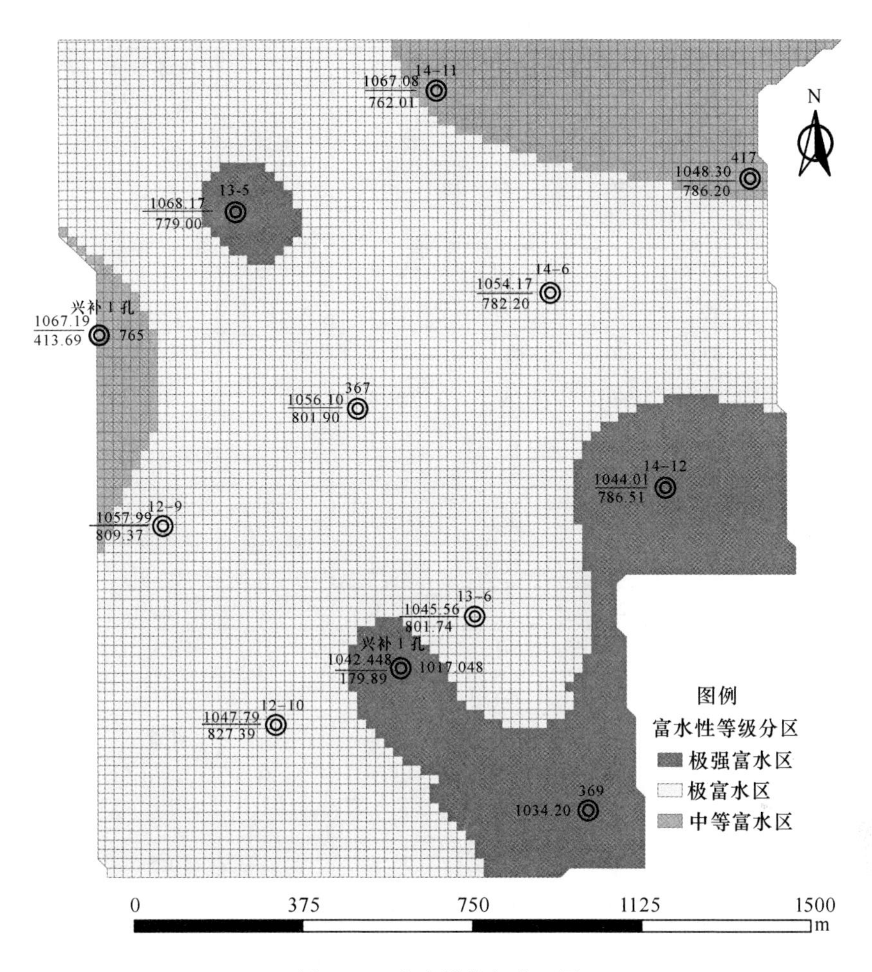

图 5.15 富水性等级分区图

古河道的中心地段。兴补 1 孔该段抽水试验降深 14.18m 时单位涌水量 q 值为 1.746L/(s·m)，该区属极强富水区。

5.4 煤层覆岩导水裂隙带高度预计与水体允许采动破坏程度

5.4.1 基岩厚度变化规律

由于前期的矿井地质资料中钻孔较少，已有的基岩厚度等值线图无法满足薄基岩区开采的需要，因此，统计了大量的井下探放水钻孔数据，见表 5.4～表 5.7，基于 Surfer 软件重新绘制了薄基岩区域基岩厚度等值线，如图 5.16、图 5.17 所示。由图可知，该区域薄基岩厚度一般为 30～55m，北部厚度较大，南部厚度较小，在钻孔 13-6 附近约为 55m，形成一个小的凸起。

表 5.4 6406 工作面探放水钻孔资料

探水位置	探水钻孔		倾角/(°)	孔深/m	基岩厚度/m	水压/MPa	出水量 $/\mathrm{m^3\cdot h^{-1}}$	砂砾石含水层层段/m
轨道巷道	T1		40	74	37.9	0.35	2.0	59~74
	T2		40	78	39.8	0.37	2.0	62~78
	T3		40	71	43.0			67~71
四号切眼	钻窝一	T1	24	126	44.7	0.55	23.0	110~126
		T2	20	74	25.3		25.0	74m 处见砾石
	钻窝二	T1	40	91.3	41.4		4.6	65~91.3
三号切眼	T1		40	69	30.8			48~69
	T2		40	65	37.4			58~65
	T3		40	61	32.8			51~61
	T4		40	61	32.8		11.1	51~61
	T5		30	73	31.0			62~73
	T6		25		32.8	0.5	12.0	78m 处见砾石
	T7		30	88	36.5		5.8	73~88
	T8		30	88	36.5	0.57	6.0	73~88
	T9		30	100	41.0		5.5	82~100
	钻窝一	T2	40	83.5	48.2	0.85	15.0	75~83.5
二号切眼	钻窝一	T1	40	80	37.9		5.5	59~80
		T2	40	80	38.6		4.5	60~80
		T3	40	91	50.45		6.2	79~91

表 5.5 6408 工作面探放水钻孔资料

探水位置	探水钻孔	倾角/(°)	孔深/m	基岩厚度/m	水压/MPa	出水量 $/\mathrm{m^3\cdot h^{-1}}$	砂砾石含水层层段/m
轨道巷道	T1	40	64	37.3	0.5	6.0	58~64
	T2	35	88	36.7	—	0.1	64~88

表 5.6 6410 工作面探放水钻孔资料

探水位置	探水钻孔	倾角/(°)	孔深/m	基岩厚度/m	水压/MPa	出水量 $/\mathrm{m^3\cdot h^{-1}}$	砂砾石含水层层段/m
轨道巷道	T1	40	75	41.8	—	0.03	65~75
	T2	40	80	45.0	—	0.1	70~80
	T3	40	77	46.3	—	0.6	71~77
	T4	40	90	52.7	1.5	6.9	82~90
	T5	40	80	44.4	—	1.5	69~80

续表 5.6

探水位置	探水钻孔	倾角/(°)	孔深/m	基岩厚度/m	水压/MPa	出水量/$m^3 \cdot h^{-1}$	砂砾石含水层层段/m
轨道巷道	T6	40	85	48.2	1.8	6.5	75~85
	T7	40	71	39.2	1.8	12.5	61~71
	T8	40	75	41.8	1.8	12	65~75
	T9	40	76	42.4	1.8	13	66~76
	T10	40	77	43.0	1.8	12	67~77
	T11	40	77	43.0	—	0.8	67~77
运输巷道	T1	40	70	39.2	1.6	0.25	61~70
	T2	40	65	39.2	1.8	1.2	61~65

表 5.7 6412 工作面探放水钻孔资料

探水位置	探水钻孔		倾角/(°)	孔深/m	基岩厚度/m	水压/MPa	出水量/$m^3 \cdot h^{-1}$	砂砾石含水层层段/m
轨道巷道	T1		35	77	38.4	0.8	0.5	67~77
	T2		40	80	44.9	1.0	0.5	70~80
	T3		35	96	49.3	2.0	12.0	86~96
	T4		40	85	46.3	1.6	1.0	72~85
	T5		40	84	48.2	1.7	1.0	75~84
运输巷道	钻窝一	T1	-2	120			无水	
		T2	40	90	>55		无水	
	钻窝二	T1	5	120			无水	
		T2	2	120			无水	
		T3	0	120			无水	
	钻窝三	T1	5	120			无水	
		T2	4	120			无水	
		T3	5	120			无水	
		T4	40	112	62.9	1.9	6	98~112
	钻窝四	T1	5	120			无水	
		T2	2	120			无水	
		T3	5	120			无水	
		T4	40	82	46.2	1.92	9	72~82
		T5	40	86	48.8	1.8	5	76~86
	补 T1		40	100	>64		水量较小	
开切眼	T1		40	81	46.2		4	73~81

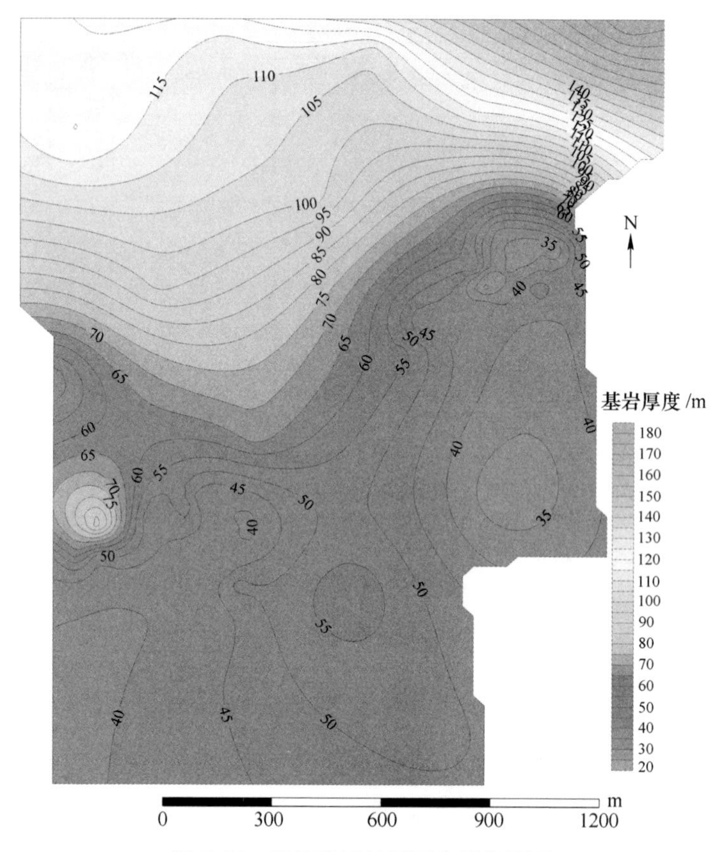

图 5.16　薄基岩区基岩厚度等值线图

四采区薄基岩区 6 煤各工作面基岩厚度及第四系底部含水层涌水量情况如下：

（1）6402 工作面。该工作面基岩厚度 48～70m，探水钻孔涌水量 15m³/h，水压 0.85MPa。采用分采高、分区段回采的方法，开始按采高 2.2m 回采，至 50m（初压来压）时采空区出现涌水，峰值涌水量达到 116m³/h，后期稳定在 20m³/h。通过对导水裂隙带发育高度现场观测，导水裂隙带高度在 37～40m 之间。

（2）6405 工作面。切眼处基岩厚度为 55m，其他区域基岩厚度大于 55m，采高 2.5m，至工作面回采完毕，未发生涌水情况。

（3）6 煤残采工作面。该区域基岩厚度 30～55m，探水钻孔涌水量 5.5～12m³/h，水压 0.55MPa。采用房柱式开采，基岩厚度大于 35m 区域按采 6m 留 3m 方式开采；低于 35m 时按采 5m 留 5m 方式开采，至回采完未发生顶板涌水。

（4）6408 工作面。该区域基岩厚度 35～42m，探水钻孔涌水量 0.1～6m³/h，

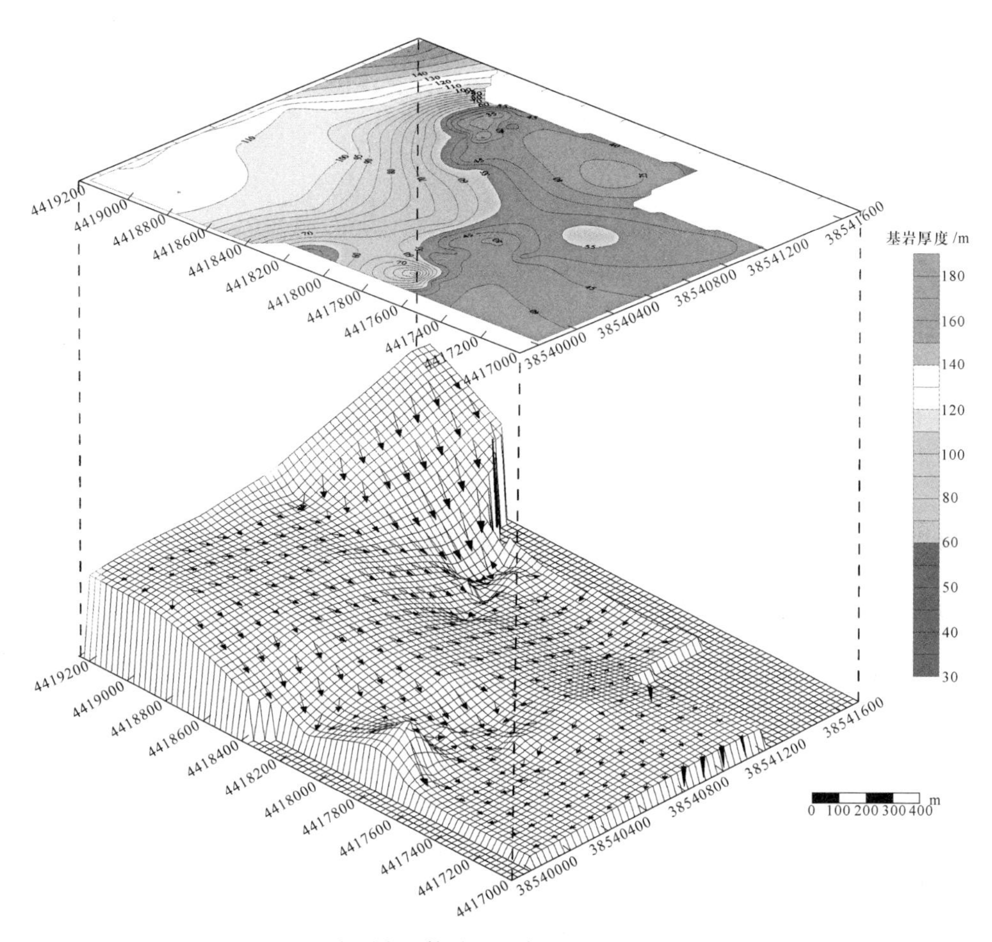

图 5.17 基岩厚度立体效果示意图（箭头表示坡度矢量）

水压 0.35~0.5MPa。该工作面采用房柱式开采（采 6m 留 3m），二切眼开采到 45m 位置时 5 号回采窝顶板初压后发生顶板涌水，初始水量 30m³/h，后期逐渐减小到 13m³/h，之后三切眼按采 5m 留 5m 煤柱方式回采，未发生顶板涌水。

（5）6410 工作面。位于四采区 6 煤西南翼，四采区 6 煤运输巷（南翼）西南。该工作面煤层向北倾斜，煤层倾角 2°~6°，工作面走向长度 580m（558~612m），面长 100m。探水钻孔揭露基岩厚度在 39.2~52.7m 之间，涌水量 0.1~13m³/h（由南向北逐渐增大，T9 孔为 13m³/h），初始水压 1.7~1.8MPa，钻孔封堵前水压为 1.0MPa。

（6）6412 工作面。探水钻孔涌水量 0~12m³/h，工作面基岩厚度极不均匀，根据 12-9 钻孔，基岩厚度为 95.28m，探放水钻孔实际揭露的基岩厚度多为 38.4~50m 之间，且水压较大，最大为 2.0MPa。初步判断 6412 工作面处于古冲沟区域，且 12-9 钻孔正好位于古冲沟的谷峰处，基岩厚度较大，轨道巷道位于古冲沟的谷底处，上部基岩缺失，被第四系松散沉积物覆盖，因此，轨道巷道探水钻孔水压较大，基岩较薄，而运输巷道探放水孔未钻到含水层，基岩较厚。

5.4.2　煤层覆岩导水裂隙带高度预计

综采工作面导水裂隙带高度中硬覆岩条件下预计公式为：

$$H_{li} = \frac{100\sum M}{1.6\sum M + 3.6} \pm 5.6 = (34.7 \pm 5.6)\text{m} \tag{5.11}$$

式中，$\sum M$ 为累计采厚，m。

薄基岩区范围内松散层底板黏性土层分布不均匀，松散层底部无稳定黏性土层，覆岩岩性为中硬，需要留设防水安全煤岩柱保护层厚度为 6 倍的采厚。

因此，保护层厚度 $H_b = 16.8$m，防水安全煤岩柱高度 $H_{sh} \geqslant H_{li} + H_b = 57.1$m，薄基岩区 6 煤顶板基岩厚度小于安全防水煤岩柱高度。

5.4.3　水体允许采动破坏程度

研究区域仅局部赋存有一定厚度的黏土（钻孔 12-9 处 13.5m、兴观 1 孔处 27.04m、14-12 处 23.3m），水体类型属于直接位于基岩上方或底界面下无稳定的黏性土隔水层的松散孔隙强、中含水层水体，研究区水体采动等级为Ⅰ级，不允许导水裂隙带波及水体，在天然水文地质条件下不适合采用长壁综合机械化采煤法。

5.5　松散孔隙含水层下“煤-水”双资源型矿井开采模式分析

根据第 4 章顶板水害威胁下“煤-水”双资源型矿井开采模式的适用条件可知，在地下水动、静储量有限的弱富水区，可采用超前疏干开采，但是当松散含水层富水性为中等~强、地下水补给充沛时，在矿井排水能力有限时，直接疏干开采将浪费时间和宝贵的地下水资源，且疏放如此大的矿井水不经济。根据《薄基岩区第四系下部含水层水文地质补充勘探》报告，采用大井法预测的薄基岩区第四系底部砂砾石含水层矿井正常涌水量 $Q_{正} = 1273\text{m}^3/\text{h}$，最大涌水量 $Q_{大} = 1321\text{m}^3/\text{h}$，考虑到经济效益、社会效益、环境效益等多方面的因素，故采用“超前疏干+井下洁污水分流分排+多位一体优化结合+长壁综采/综放开采”模式不具有可行性。

由于在井田内第四系下部含水层的水从西北向东南径流，采用“人工干预水文地质条件+超前疏干+井下洁污水分流分排+多位一体优化结合+长壁综采/综放开采”模式，在技术上是可行的，即在井田西北边界实施帷幕注浆，预先截取地下水的补给，然后将薄基岩区有限的静储量地下水疏干，采用三位一体优化结合模型对矿井水综合利用，最后采用长壁综采。另外，对于薄基岩区动、静储量丰富的含水层，若不采取人工干预水文地质条件和超前疏干地下水，可以采用“天然水文地质条件+短壁机械化开采”模式，即采用房式短壁机械化采煤法实现顶板水害威胁下“煤-水”双资源型矿井开采。

5.6 “天然水文地质条件+短壁机械化开采”模式基础理论研究

本节研究了“天然水文地质条件+短壁机械化开采”模式的基础理论，主要研究内容包括：(1) 煤房的合理安全跨度；(2) 煤柱的负载规律及煤柱上应力分布规律；(3) 短壁机械化开采（房式）顶板覆岩运动与矿山压力显现规律；(4) 煤柱强度；(5) 煤柱稳定性评价体系；(6) 煤柱的合理尺寸。

5.6.1 煤房的合理安全跨度

5.6.1.1 多层岩梁复合作用下载荷 q' 计算

第 n 层对第一层形成的载荷 $(q'_n)_1$ 计算公式如下：

$$(q'_n)_1 = \frac{E_1 h_1^3(\gamma_1 h_1 + \gamma_2 h_2 + \cdots + \gamma_n h_n)}{E_1 h_1^3 + E_2 h_2^3 + \cdots + E_n h_n^3} \tag{5.12}$$

式中 E_1，E_2，…，E_n——各岩层弹性模量，GPa；

h_1，h_2，…，h_n——各岩层厚度，m；

γ_1，γ_2，…，γ_n——各岩层容重，kN/m^3。

当计算到 $(q'_{n+1})_1 < (q'_n)_1$ 时，即以 $(q'_n)_1$ 作为施加于第一层岩层上的载荷，而第 $n+1$ 层以上岩层的重量将不对第一层岩层施加载荷，此时即可利用式 (5.12) 的结果作为岩梁所受载荷计算煤房的极限跨度。

以6412工作面为例，工作面倾向剖面如图5.18所示，煤层平均厚2.8m，煤层倾角2°~5°，平均倾角3°，为近水平煤层，直接顶为灰色泥岩，基本顶为粉砂岩、细砂岩，岩石物理力学参数见表5.8。

表5.8 薄基岩区6煤顶板岩层物理力学参数

岩层	厚度/m	容重 /kN·m^{-3}	弹性模量 /GPa	抗拉强度 /MPa	黏聚力 /MPa	内摩擦角 /(°)	泊松比
中砂岩	4.8	25.8	10.0	1.8	4.2	36.0	0.20
粉砂岩	3.4	26.0	8.2	1.5	3.3	33.4	0.22
泥岩	1.5	24.6	5.9	1.2	1.9	31.2	0.31
细砂岩	2.4	26.0	9.5	2.0	3.8	38.0	0.21
粉砂岩	8.2	26.4	8.2	1.8	3.0	33.4	0.22
细砂岩	5.2	26.0	9.5	2.0	3.5	38.0	0.21
泥岩	2.8	24.6	5.9	1.1	1.9	31.2	0.31
6煤	2.8	13.6	2.0	0.6	1.2	32.0	0.30

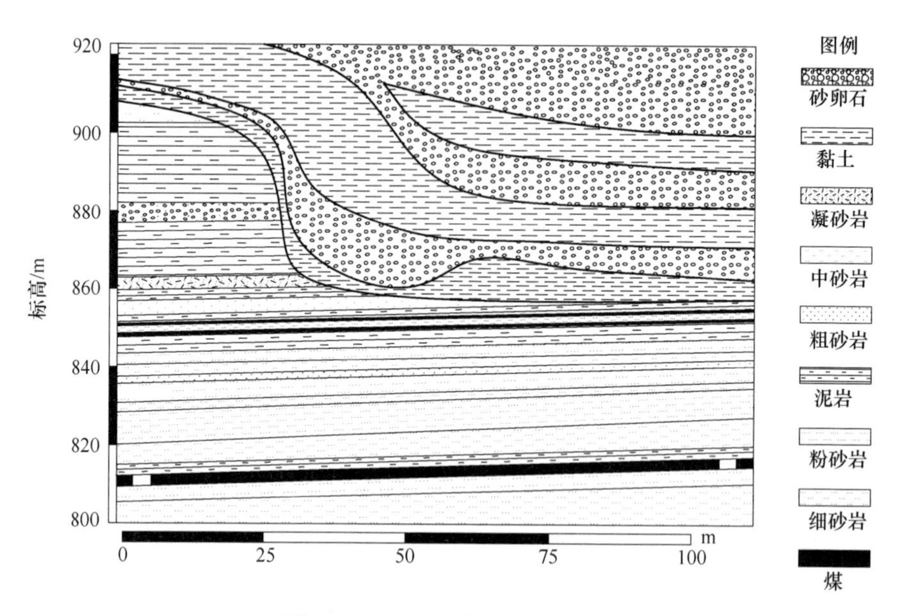

图 5.18　6412 工作面倾向剖面图

现从第一个顶板分层开始计算顶板岩层载荷值：

$$(q_1')_1 = \gamma_1 h_1 = 0.69\text{kg/cm}^2$$

$$(q_2')_1 = \frac{E_1 h_1^3(\gamma_1 h_1 + \gamma_2 h_2)}{E_1 h_1^3 + E_2 h_2^3} = 0.18\text{kg/cm}^2$$

由于 $(q_2')_1 < (q_1')_1$，所以第二层顶板将与其下部的顶板发生离层，此时岩梁上的分布载荷值为 $(q_1')_1 = 0.69\text{kg/cm}^2$。

5.6.1.2　按“梁”的理论确定煤房宽度

A　顶板岩梁简化为“简支梁”

取 A 点为坐标轴原点，梁厚度为 h'，跨度为 L，受均布载荷 q'，F_s 为剪力，M'为弯矩。在截面 x 处切开取左段为研究对象，取单位宽度的简支梁进行分析（图 5.19）。

根据图 5.19，由 $\sum M_A' = 0$ 及 $\sum M_B' = 0$，得支座反力为：

$$F_{Ay} = F_{By} = \frac{q'L}{2} \tag{5.13}$$

剪力方程和弯矩方程分别为：

$$F_s = F_{Ay} - q'x = \frac{q'L}{2} - q'x \quad (0 < x < L) \tag{5.14}$$

$$M' = F_{Ay}x - \frac{q'x^2}{2} = \frac{q'Lx}{2} - \frac{q'x^2}{2} \quad (0 \leqslant x \leqslant L) \tag{5.15}$$

剪力 F_s 是 x 的一次函数，所以剪力图是一条斜直线，最大值为：

$$F_s = \frac{q'L}{2} \quad (x = 0) \tag{5.16}$$

$$F_s = -\frac{q'L}{2} \quad (x = L) \tag{5.17}$$

弯矩 M' 是 x 的二次函数，弯矩图是一条抛物线，最大值为：

$$M'_{\max} = \frac{q'L^2}{8} \quad \left(x = \frac{L}{2}\right) \tag{5.18}$$

根据材料力学，正应力计算公式如下：

$$\sigma = \frac{M'y}{I_z} \tag{5.19}$$

式中 M'——横截面上的弯矩，N·m；

I_z——横截面对 z 轴（中性轴）的惯性矩，$I_z = \frac{bh'^3}{12}$，m^4；

y——到中性轴的距离，m。

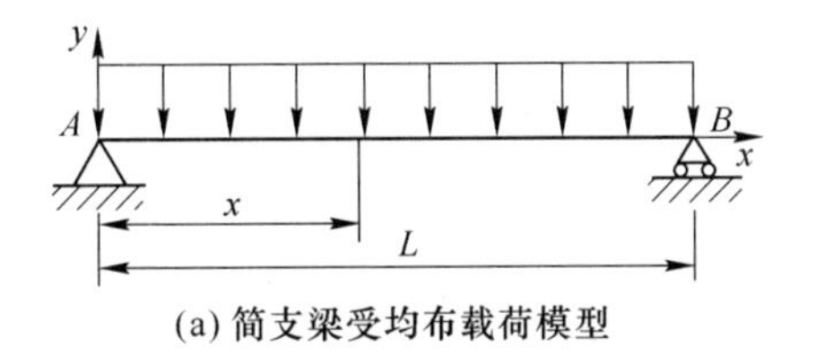

(a) 简支梁受均布载荷模型

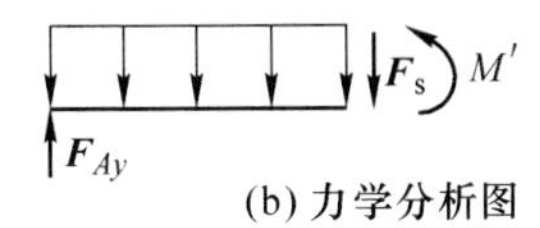

(b) 力学分析图

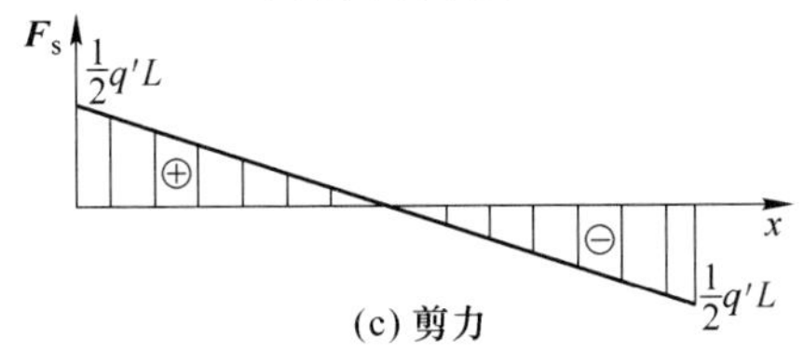

(c) 剪力

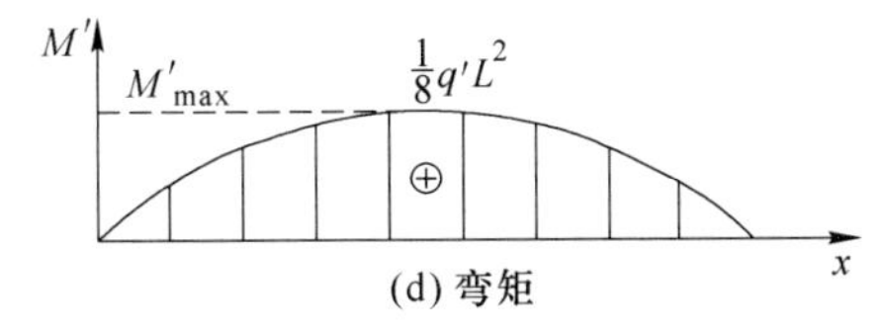

(d) 弯矩

图 5.19 “简支梁”力学模型

正应力不仅与弯矩 M' 有关，且与 $\frac{y}{I_z}$ 有关，即与截面的形状和尺寸有关。一般情况下，最大正应力 σ_{max} 发生于弯矩最大的截面上，且离中性轴最远处，则：

$$\sigma_{max} = \frac{M'_{max} y_{max}}{I_z} \tag{5.20}$$

引入抗弯截面系数 $W = \frac{I_z}{y_{max}}$，该系数与截面的几何系数有关，单位为 m^3。若截面高为 h'（即梁的厚度为 h'）、宽为 b 的矩形（图 5.20），有：

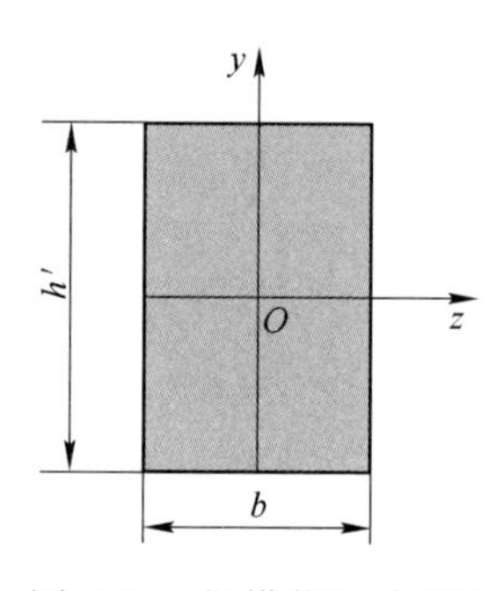

图 5.20　梁横截面示意图
h'—梁厚度；b—单位宽度

$$W = \frac{I_z}{h'/2} = \frac{bh'^3/12}{h'/2} = \frac{bh'^2}{6} \tag{5.21}$$

则梁内最大拉、压正应力将发生在该截面的上下外侧边缘处，即 $y = \pm\frac{h'}{2}$ 处，最大拉、压正应力为：

$$\sigma_{max} = \pm\frac{3q'L^2}{4h'^2} \tag{5.22}$$

根据材料力学，剪应力计算公式如下：

$$\tau = \frac{F_s S_z^*}{I_z b} \tag{5.23}$$

式中　S_z^*——横截面的部分面积对中性轴的静矩，$S_z^* = \frac{b}{2}\left(\frac{h'^2}{4} - y^2\right)$ 。

$$\tau = \frac{3F_s(h'^2 - 4y^2)}{h'^3} \tag{5.24}$$

最大剪应力发生在 $x=0$ 的截面位置的中性轴上 $y=0$，且 $F_s = \frac{q'L}{2}$，即：

$$\tau_{max} = \frac{3F_s}{2bh'} = \frac{3q'L}{4h'} \tag{5.25}$$

设岩梁许用正应力为 σ_e，剪应力为 τ_e，抗拉强度为 σ_c，抗剪强度为 τ_c，则：

$$\sigma_e = \frac{\sigma_c}{F},\ \tau_e = \frac{\tau_c}{F} \tag{5.26}$$

式中　F——安全系数，一般取 2~4。

取 $q'=0.69\text{kg/cm}^2$，$\sigma_c=1.1\text{MPa}$，$\tau_c=3.23\text{MPa}$，安全系数取最大值，即 $F=4$。

用 σ_e 代替式（5.22）中的 σ_{max}，当最大拉应力小于抗拉强度时，岩梁极限跨距为：

$$L = \sqrt{\frac{4h'^2\sigma_e}{3q'}} = \sqrt{\frac{4h'^2\sigma_c}{3q'F}} = 6.67\text{m}$$

用τ_e代替式（5.25）中的τ_{max}，当最大剪应力小于抗剪强度时，岩梁极限跨距为：

$$L = \frac{4h'\tau_e}{3q'} = \frac{4h'\tau_c}{3q'F} = 45.25\text{m}$$

针对 6412 工作面地质条件，顶板岩梁为“简支梁”时煤房的极限跨度为 6.67m。

B 顶板岩梁简化为“固定梁”

取单位宽度的固定梁分析，如图 5.21 所示。梁内的最大弯矩和剪力均发生在两端端点处，其值为：

$$M'_{max} = -\frac{q'L^2}{12} \qquad (5.27)$$

$$F_{max} = \frac{q'L}{2} \qquad (5.28)$$

则在该截面上的最大拉应力和最大剪应力分别为：

$$\sigma_{max} = \frac{q'L^2}{2h'^2} \qquad (5.29)$$

$$\tau_{max} = \frac{3q'L}{4h'} \qquad (5.30)$$

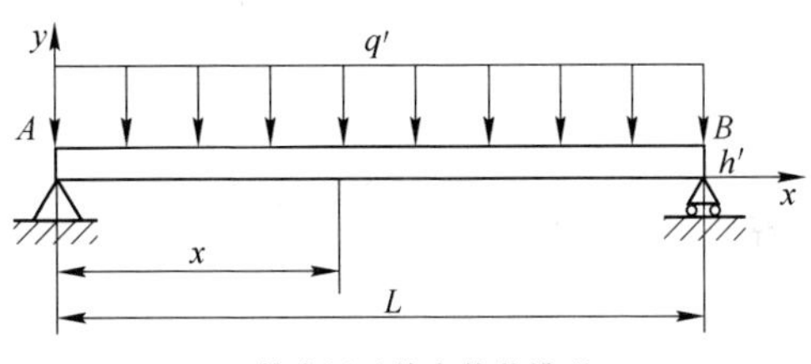

(a) 简支梁受均布载荷模型

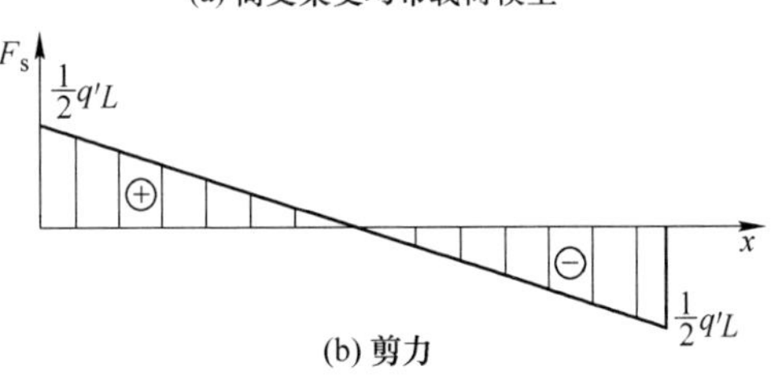

(b) 剪力

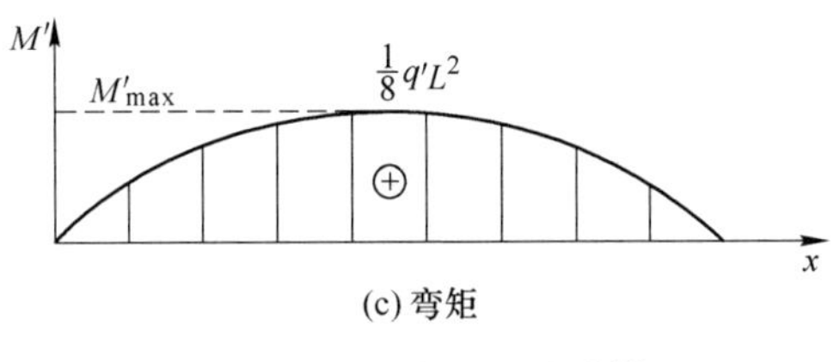

(c) 弯矩

图 5.21 “固支梁”力学模型

由此可得确保岩梁不因最大拉应力超过其强度极限而破坏的极限跨度距为：

$$L = \sqrt{\frac{2h'^2\sigma_e}{q'}} = \sqrt{\frac{2h'^2\sigma_c}{q'F}} = 8.18\text{m}$$

确保岩梁不因最大剪应力超过其抗剪强度而破坏的极限跨度距为：

$$L = \frac{4h'\tau_e}{3q'} = \frac{4h'\tau_c}{3q'F} = 45.25\text{m}$$

针对 6412 工作面地质条件，顶板岩梁为“固支梁”时煤房的极限跨度为 8.18m。

5.6.2 屈服煤柱与压力拱理论

5.6.2.1 煤柱应力随煤柱尺寸变化规律

A 单侧采煤后的应力状态

煤柱边缘随时间屈服，应力呈负指数函数下降，煤柱内出现塑性区和弹性区，应力峰值是两个区的分界位置。屈服塑性区应力低于原岩应力，弹性区包括应力集中区和原岩应力区（图 5.22）。

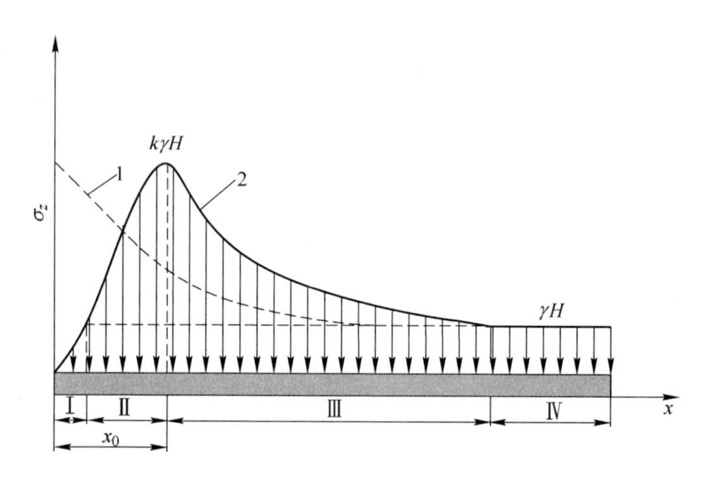

图 5.22 一侧采空煤柱体应力状态

Ⅰ—松弛区；Ⅱ—塑性区；Ⅲ—弹性区应力升高区；Ⅳ—弹性区原岩应力区

B “马鞍形”应力状态

支撑压力影响范围 L_e、煤柱尺寸 B_p 决定了两侧采空煤柱应力（图 5.23），即：

（1）当 $B_p>2L_e$ 时，煤柱包括应力松弛区、塑性区、弹性区及初始应力区（图 5.23a）。

（2）当 $L_e<B_p<2L_e$ 时，煤柱包括应力松弛区、塑性区及应力增高区，类似“马鞍形”（图 5.23b）。

（3）当 $B_p<L_e$ 时，煤柱包括应力松弛区、塑性区及应力增高区，类似“极限马鞍形”，此种应力状态易使煤柱破坏（图 5.23c）。

C “平台形”应力状态

在“极限马鞍形”应力作用下塑性区不断变大，类似“平台形”的应力等于煤柱极限强度（图 5.24）。

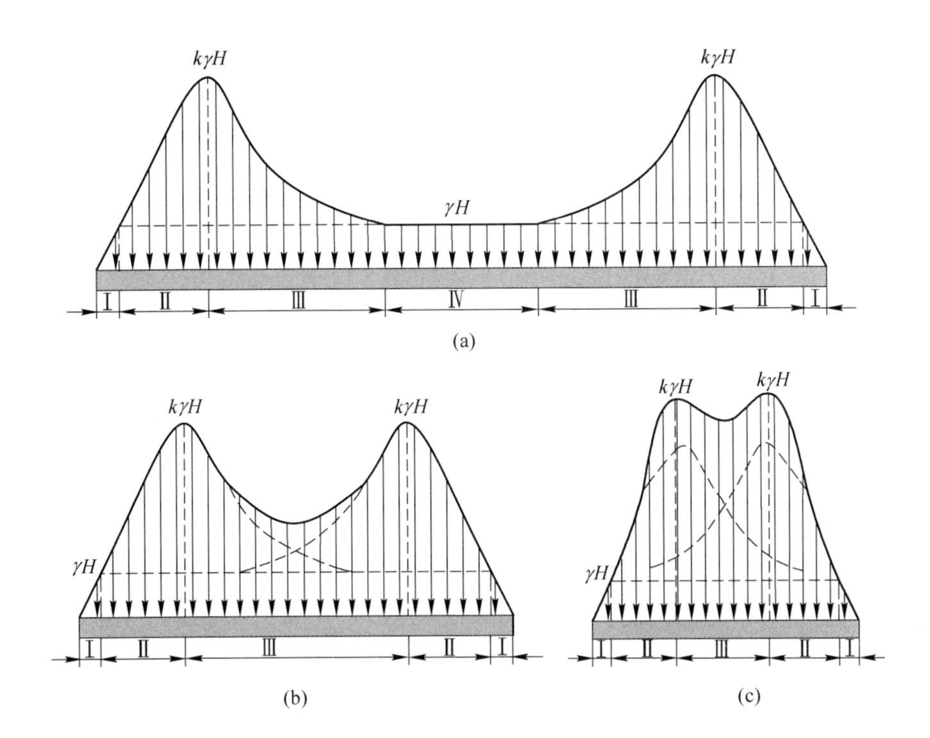

图 5.23 两侧采空煤柱“马鞍形”应力状态

Ⅰ—应力松弛区；Ⅱ—塑性区；Ⅲ—应力增高区；Ⅳ—初始应力区

D “拱形”应力状态

当两侧塑性区贯通时，弹性区消失，应力类似“拱形”，中间分布有大于煤柱极限强度的垂直应力。煤柱继续以蠕变变形破坏，此时仅剩具有残余强度的松弛区，处于瘫软状态（图 5.25）。

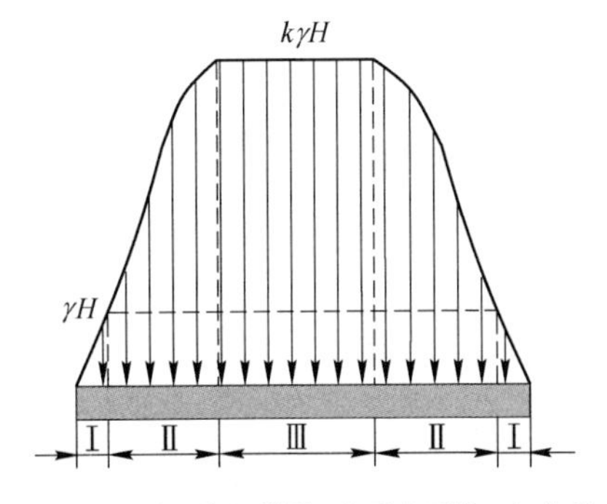

图 5.24 两侧采空煤柱“平台形”应力状态

Ⅰ—应力松弛区；Ⅱ—塑性区；Ⅲ—应力增高区

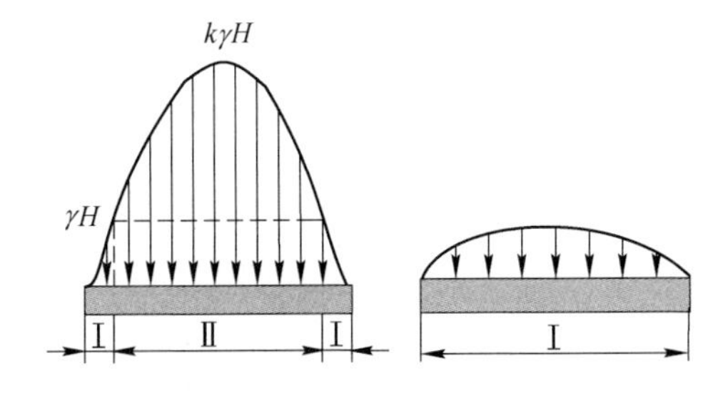

图 5.25 两侧采空煤柱“拱形”应力状态

Ⅰ—应力松弛区；Ⅱ—塑性区

5.6.2.2　屈服煤柱与压力拱模型

按照作用机理，煤柱可分为两种：刚性煤柱和屈服煤柱。屈服煤柱是一个可破坏的煤柱，但破坏并不是指压垮，煤柱可以保留一定的残余强度而保持稳定[161~163]。图 5.26 所示为屈服煤柱的强度-变形特性曲线。

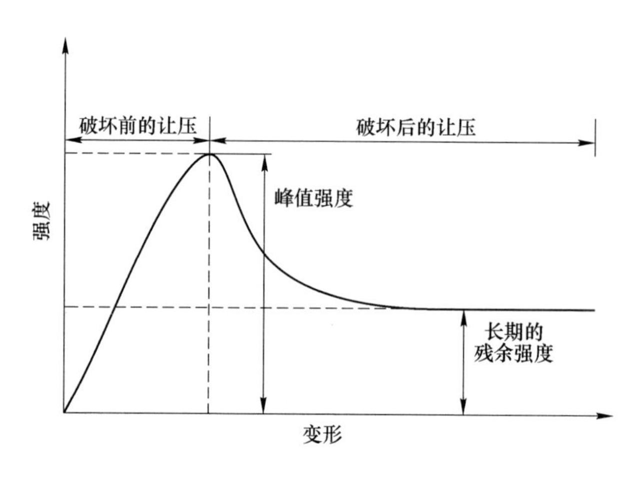

图 5.26　屈服煤柱的强度-变形特性曲线

煤柱让压时，载荷通过顶板或底板转移到相邻未采动煤体、刚性煤柱或采空区，引起煤房两帮应力集中和顶、底板卸压，此时形成压力拱（见图 5.27）。

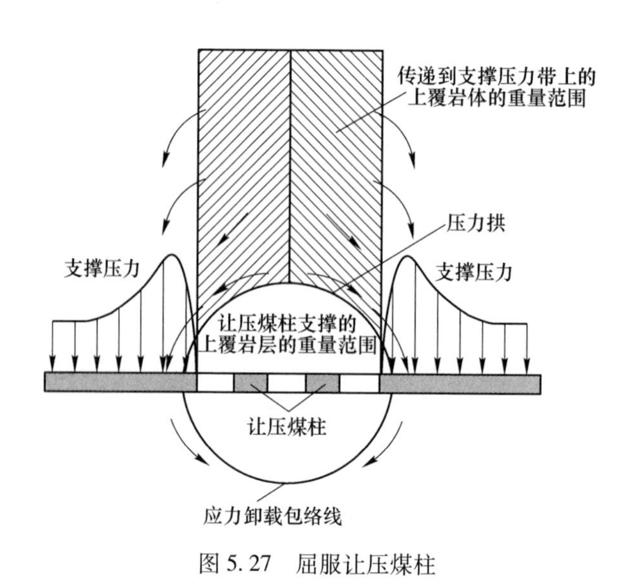

图 5.27　屈服让压煤柱

5.6.3 短壁机械化开采覆岩运动规律

5.6.3.1 煤层覆岩运动规律

煤柱屈服让压导致上覆岩层下沉，弯曲变形量随顶板岩梁跨度的减小而逐渐减小，如图5.28所示。

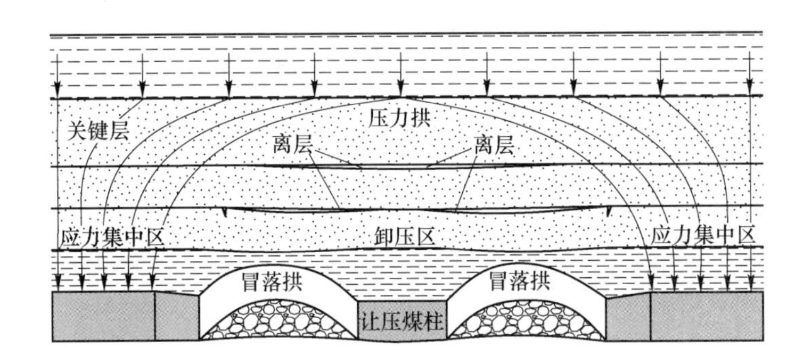

图5.28 压力拱与屈服让压煤柱作用机理

因此，顶板运动阶段可分为直接顶垮落—亚关键层（基本顶）弯曲下沉—离层—主关键层弯曲下层，顶板覆岩运动规律如图5.29所示。

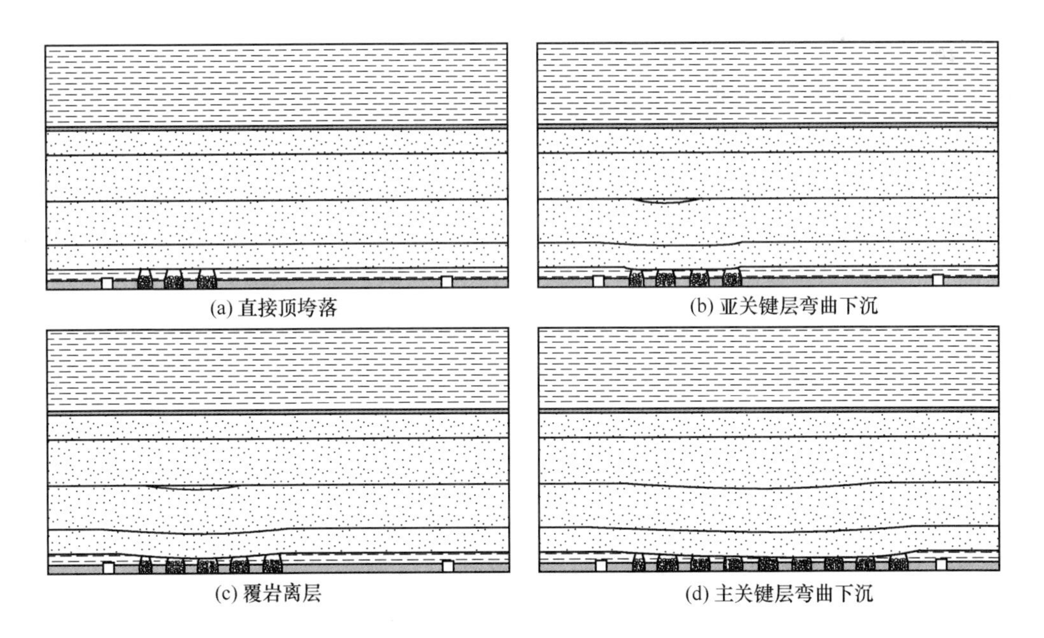

图5.29 顶板覆岩运动规律

5.6.3.2 回采阶段扩大压力拱演化过程

由于“煤柱受压—让压变形—覆岩下沉—离层—应力传递转移”这一过程不断演化，压力拱不断扩大，回采阶段扩大压力拱演化过程如图 5.30 所示。

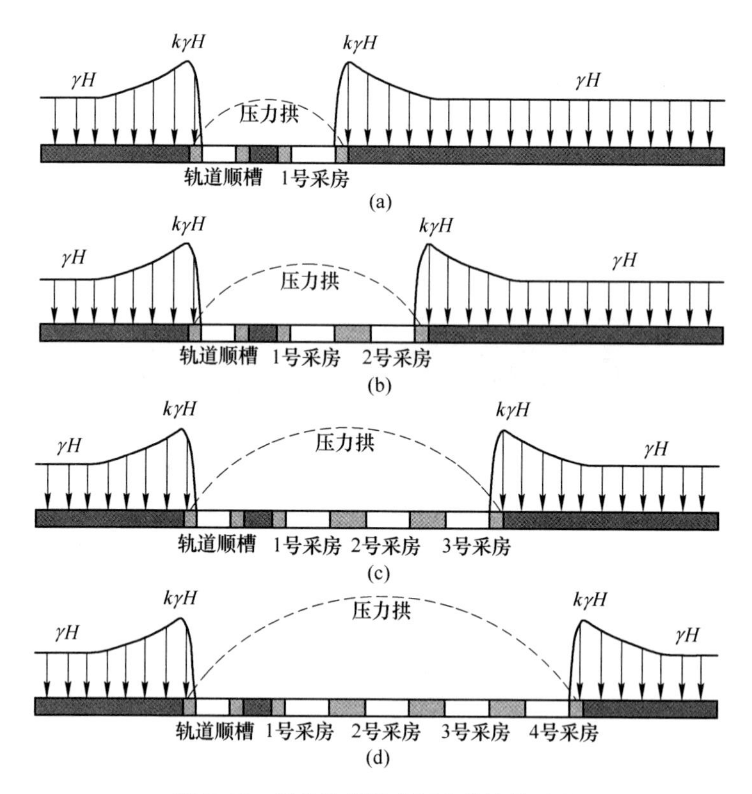

图 5.30 回采阶段扩大压力拱演化过程

支承压力叠加导致煤柱承受的垂直应力大于其极限破坏强度，煤柱发生屈服和破坏，但此时煤柱不一定失稳，即屈服不一定破坏，破坏不一定失稳。由于屈服煤柱的让压力学特性，上覆岩层变形下沉，与上部较硬关键层产生离层，当煤柱让压、载荷通过顶板或底板转移到相邻支承压力带时，压力拱便已形成。压力拱形成后，屈服煤柱支撑的载荷为拱下方的覆岩重量，压力拱稳定时，其上覆载荷亦趋于稳定，煤柱变形破坏就转为随时间的蠕变。

5.6.3.3 矿山压力显现引起的煤柱破坏形式

根据已有研究，矿山压力对煤柱破坏形式包括边缘剥落型、压剪破坏型、屈服劈裂型、节理破坏型、挠曲破坏型、压垮破坏型（图 5.31）。

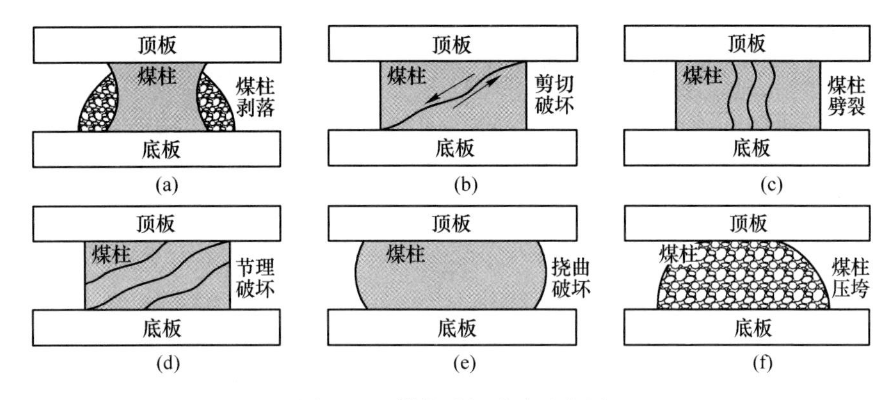

图 5.31 煤柱破坏形式示意图

5.6.3.4 煤柱压垮时覆岩破坏模型

煤柱主要用来支撑上覆岩层重量和保护巷道或煤房的完整性，以及控制地表沉陷，若煤柱宽度设计不合理，有可能压垮煤柱，造成上覆岩层破坏（图 5.32）。以 6408 工作面为例，工作面基岩厚度 35~42m，按采 6m 留 3m 开采，二切眼开采到 45m 位置时 5 号采房顶板初次来压后发生涌水，初期水量 $30m^3/h$，后期稳定水量 $13m^3/h$；之后三切眼采用采 5m 留 5m 方式回采，未发生顶板涌水情况。

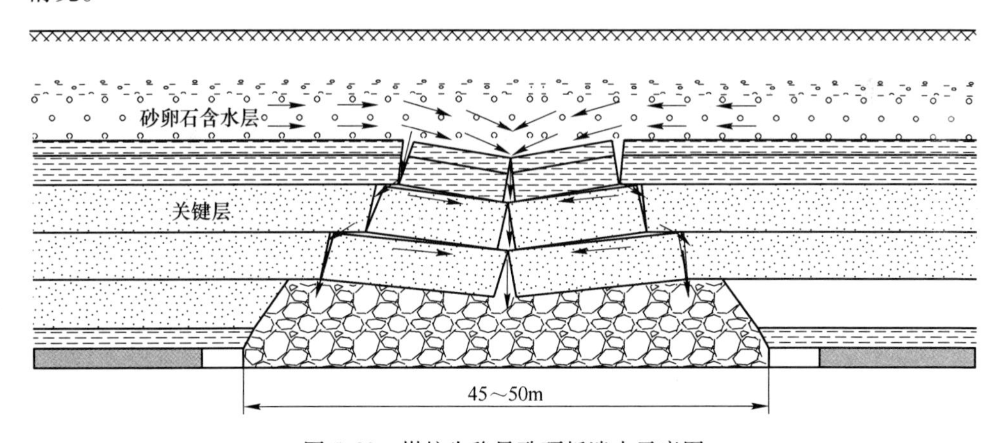

图 5.32 煤柱失稳导致顶板溃水示意图

5.6.4 屈服煤柱稳定性评价体系

不同用途的煤柱尺寸和所需要保持稳定的时间不同，其力学机理和上覆载荷分布规律也不同，不同类型煤柱上的应力分布如图 5.33 所示[164]。

刚性煤柱中间存在一个稳定的核区，煤柱在整个服务年限内用来支撑载荷；

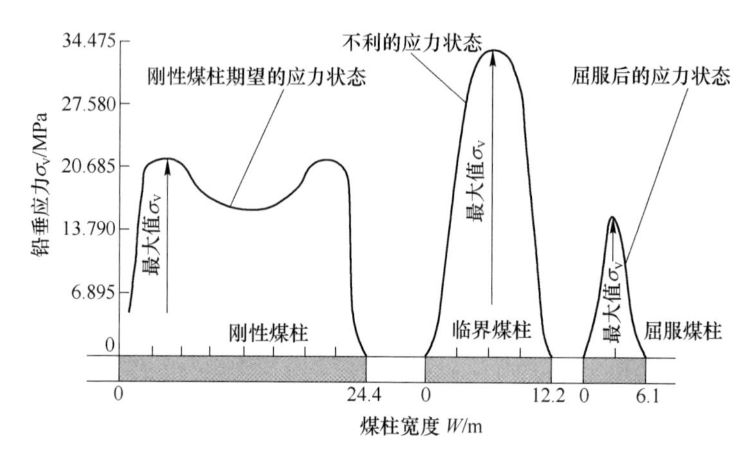

图 5.33 不同类型煤柱上的应力分布（据 Peng Syd S.）

而屈服煤柱不是在任何阶段都要抵抗和承受载荷，而是随着载荷增加，在适当时间和变形速率下发生屈服，但是在一定时间内煤柱是稳定的，不会发生失稳破坏。因此，从应力状态和资源回收率考虑，屈服煤柱更适合于房式短壁机械化开采。

受开采活动影响，煤柱上的应力重新分布，在支承压力作用下，煤柱边缘出现塑性区逐渐屈服，屈服区宽度计算公式如下[165]：

$$r_p = \frac{h\beta d}{2\tan\varphi}\ln\left(1 + \frac{\sigma_{zl}}{c}\tan\varphi\right) + \frac{d}{2}M\tan\varphi \tag{5.31}$$

式中 h——煤柱高度，m；

β——屈服区与核区界面处的侧压系数，由于该界面处于临界弹性状态，侧压系数一般等于煤体的泊松比，取 0.25~0.40；

d——开采扰动因子，d=1.5~3.0；

c，φ——分别为煤层顶底板岩层接触面的黏聚力和摩擦角，MPa 和（°）；

σ_{zl}——煤柱极限强度，MPa。

将 h=2.5~3.0m，β=0.3，d=1.5，c=2.5MPa，φ=28°，σ_{zl}=10MPa 代入式（5.31）中，计算得到煤柱单侧屈服区宽度为 2.2~2.6m。因此，若煤柱宽度小于等于双侧屈服区宽度，则待下一个煤房开采后，屈服区将贯通整个煤柱，煤柱整体处于塑性状态，此时煤柱由两侧松弛区和中间塑性区组成。

综上分析，提出煤柱稳定性评价体系应具备以下三点：

（1）煤柱屈服区宽度和煤柱宽度要匹配，避免出现临界煤柱，否则会导致煤柱高应力集中，引起煤柱突然失稳破坏，不利于扩大压力拱的形成；

（2）覆岩中存在主关键层，上覆岩层在变形过程中能够产生离层，进而形成所需要的稳定压力拱，压力拱可支撑拱上方的覆岩重量；

（3）屈服煤柱具有足够的强度支撑压力拱下方的覆岩重量，压力拱应为整个区段回采完之后形成的最大稳定压力拱。

5.6.5 煤房之间屈服煤柱宽度理论计算

煤柱设计有三个主要步骤：（1）确定煤柱预期载荷；（2）确定煤柱强度；（3）确定安全系数。

5.6.5.1 煤柱应力

煤柱平均应力荷载计算采用辅助面积法（图5.34），当煤柱较长时，可将煤柱共同承担载荷视为平面问题，其承受的总载荷为：

$$P_t = (W_o + W_p)\gamma H \tag{5.32}$$

煤柱上的平均载荷为：

$$\sigma_a = \frac{(W_o + W_p)\gamma H}{W_p} = \left(1 + \frac{W_o}{W_p}\right)\sigma_v \tag{5.33}$$

式中 σ_a——作用在煤柱上的平均应力，MPa；

W_p——煤柱的宽度，m；

W_o——巷道或煤房的宽度，m；

γ——上覆岩层平均容重，25kN/m^3；

H——采深，m；

σ_v——原始垂直应力，MPa。

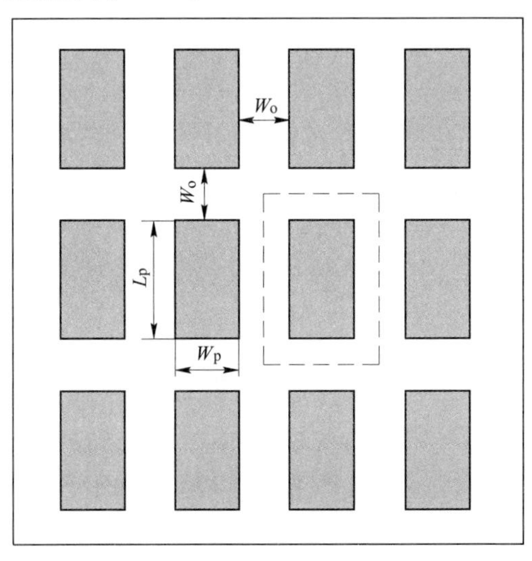

图5.34 辅助面积法示意图

设采出率为 R_e（即采出面积与煤层原有总面积之比），则：

$$R_e = 1 - \frac{W_p}{W_o + W_p} \tag{5.34}$$

所以

$$\sigma_a = \frac{\sigma_v}{1 - R_e} = \frac{\gamma H}{1 - R_e} \tag{5.35}$$

考虑到煤柱边缘的应力松弛区，煤柱应力系数应增加 1.1。此时，煤柱载荷计算公式为：

$$\sigma_a = \frac{1.1\sigma_v}{1 - R_e} = \frac{1.1\gamma H}{1 - R_e} \tag{5.36}$$

式（5.36）给出了煤柱荷载的安全极限，由于这种方法简单，且估计的煤柱荷载安全系数较大，能够满足工程要求，被广泛用来计算煤柱上的平均载荷。

根据前面所述，由于压力拱存在煤柱所受的力不是上覆岩层到地表的全部重量，而是压力拱下方的岩体重量，上述公式中的 H 应为压力拱拱高 H'，即：

$$\sigma_a = \frac{1.1\sigma_v}{1 - R_e} = \frac{1.1\gamma H'}{1 - R_e} \tag{5.37}$$

根据普式压力拱理论，压力拱高度计算公式为：

$$H' = \frac{1}{f}\left[\frac{W_0}{2} + h_0\tan\left(45^\circ - \frac{\varphi}{2}\right)\right] \tag{5.38}$$

式中 f——普氏系数，取为 2；

W_0——工作面斜长，取 100m；

h_0——采高，取 2.8m；

φ——岩体的内摩擦角，取 30°。

经计算，最大压力拱高度为 25.8m，煤柱荷载 $\sigma_a = 0.7095/(1-R_e)$，MPa。

5.6.5.2 煤柱强度

国外学者做了广泛的实验室和现场试验，提出了线性和非线性两种类型煤柱强度估算公式，即：

$$\sigma_p = K_1\left(A + B\frac{W_p}{h}\right) \tag{5.39}$$

$$\sigma_p = K_2\frac{W_p^{\alpha}}{h^{\beta}} \tag{5.40}$$

式中 σ_p——宽度为 W_p 和高度为 h 的煤柱强度，MPa；

K_1，K_2——现场极限立方体煤柱的强度，MPa；

A，B——均为常数；

α，β——均为常数。

上述公式均是根据现场极限立方体煤柱的强度而确定的煤柱实际强度，而极限立方体煤柱强度可以根据岩石力学试验机测定的煤体单轴抗压强度确定。

根据国外已有的研究成果，煤体试样的单周抗压强度具有明显的尺寸效应和形状效应，即小尺寸的试样强度大于大尺寸的试样强度；另外还与试样的宽（或直径）高比有关，当试样宽度或直径一定时，试样越高，强度越小。Hustrulid 认为 0.9m 可作为试样的极限尺寸，现场极限立方煤体强度 σ_m 转换公式如下：

$$\sigma_m = \sigma_c\sqrt{\frac{D}{d}}(d < 0.9) \quad 或 \quad \sigma_m = \sigma_c\sqrt{\frac{D}{0.9}}(d > 0.9) \tag{5.41}$$

式中 σ_c——标准试样室内单轴抗压强度，MPa；

D——单轴抗压强度试样室内试验尺寸，m。

考虑试样尺寸效应后，即可确定极限立方体煤体强度。煤样试块单轴抗压强度 $\sigma_c = 8.8$MPa，转换得极限立方体煤体强度 $\sigma_m = 0.2357\sigma_c = 2.07$MPa，而煤柱强度的形状效应采用表 5.9 进行转换。

表 5.9 常用煤柱强度形状效应经验公式

类　型	研究学者	K_1 或 K_2/MPa	A 或 α	B 或 β
线性	美国 Obert-Duvall	σ_m	0.778	0.222
	南非 Bieniawski-Hairton	σ_m	0.64	0.36
	澳大利亚 UNSW	5.36	0.64	0.36
非线性	美国 Holland-Gaddy	$\sigma_c\sqrt{D}$	0.5	1
	南非 Salamon-Munro	7.2	0.46	0.66

5.6.5.3 安全系数

在实际工程问题中，用安全系数可解决井下煤柱设计时存在的不确定性问题，安全系数越大，破坏概率越低。安全系数定义为煤柱强度与煤柱应力的比值，即：

$$F = \frac{\sigma_p}{\sigma_a} \tag{5.42}$$

式中 F——安全系数，建议采用的安全系数为 1.3~5.0，一般为 1.5~2.0；

σ_p——煤柱的强度，MPa；

σ_a——作用在煤柱上的应力，MPa。

在开采过程中，如发现采用的方案采空区涌水量增加，应封闭该块段，在下一个块段换一个安全系数更大的开采方案（表 5.10）。

表 5.10 不同方案煤柱安全系数

方 案	采出 R_e	煤柱载荷 σ_a/MPa	煤柱强度 σ_p/MPa	安全系数
采 5 留 3	0.63	1.93	2.07	1.1
采 5 留 4	0.56	1.62	2.21	1.4
采 5 留 5	0.50	1.42	2.38	1.7
采 6 留 3	0.67	2.16	2.07	1.0
采 6 留 4	0.60	1.78	2.21	1.2
采 6 留 5	0.55	1.58	2.38	1.5

5.6.6 区段之间刚性煤柱宽度理论计算

为避免已回采区域悬顶面积太大而突然产生大面积垮落，需要留设一定宽度的刚性隔离煤柱。A. H. 威尔逊于 1978 年提出了设计两区段之间刚性煤柱宽度的两区约束理论，图 5.35 所示为两区约束理论示意图。

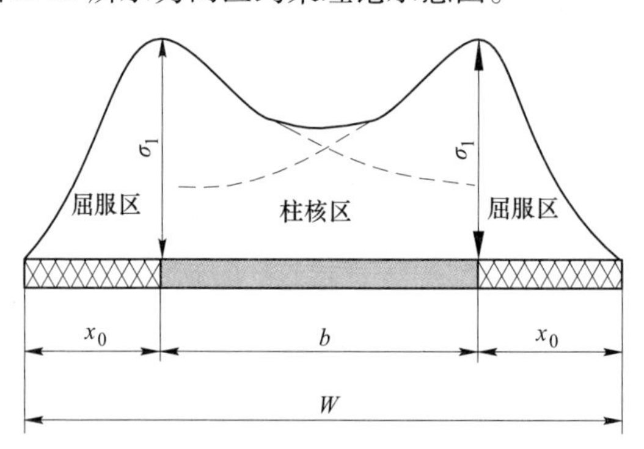

图 5.35 A. H. 威尔逊两区约束理论

塑性区宽度为：

$$x_0 = \frac{h}{\sqrt{\tan\beta}(\tan\beta - 1)} \ln \frac{K_1 \gamma H}{\sigma_0} \tag{5.43}$$

式中 h——煤柱高度，m；

K_1——支承压力峰值处的应力集中系数；

$\tan\beta = \dfrac{1+\sin\varphi}{1-\sin\varphi}$，$\varphi$ 为煤层的内摩擦角（取为 36°），因此，$\tan\beta = 4$。

当 $K_1 = 4$ 时，式（5.43）可简化为：

$$x_0 \approx \frac{h}{6} \ln \frac{4\gamma H}{\sigma_0} \tag{5.44}$$

式中 σ_0——煤柱周边的抗压强度，其值一般很小，可取为 0.07kg/cm^2。

所以，煤柱塑性区宽度为：

$$x_0 \approx 0.00492hH \approx 3.4\text{m}$$

刚性煤柱宽度应为：

$$W = 2x_0 + (1 \sim 2) = 2 \times 3.8 + (1 \sim 2) = 7.8 \sim 8.8\text{m}$$

即刚性煤柱至少须保持 7.8~8.8m 宽度才能保证稳定柱核区的存在，实际工程中可取 9m 或 10m。

5.7 本章小结

（1）本章分析了兴源矿薄基岩区新生界松散层底部含水层的特征，在垂直方向上底部含水层分为 3 个亚带；基于可拓物元模型对底部含水层富水性等级进行了评价，底部含水层在平面上分为 3 个区，即中等富水区、强富水区、极强富水区；利用井下探放水钻孔数据在 Surfer 软件中重新绘制了基岩厚度等值线图；探讨了第四系松散层底部砂砾石含水层的允许采动程度。

（2）煤柱单侧屈服区宽度为 2.2~2.6m，若煤柱宽度小于等于双侧屈服区宽度，则待下一个煤房开采后，煤柱整体处于塑性状态，煤柱呈“拱形”应力状态。

（3）提出了极窄条带煤柱稳定性评价体系，包括煤柱屈服区宽度和煤柱宽度要匹配，避免临界煤柱的出现；覆岩中存在主关键层，覆岩在变形过程中能够产生离层，进而形成稳定压力拱，压力拱支撑拱上方的覆岩重量；屈服煤柱具有足够的强度支撑扩大压力拱下方的覆岩重量。

（4）若采用“人工干预水文地质条件+超前疏干+井下洁污水分流分排+多位一体优化结合+长壁综采/综放开采”模式，则需在井田西北边界实施帷幕注浆，预先截取地下水的补给；若采用“天然水文地质条件+短壁机械化开采”模式，则采 5 留 4、采 5 留 5、采 6 留 5 等方案具有可靠的安全系数。

6 基岩裂隙+松散孔隙含水层下开采模式工程应用——以锦界矿为例

6.1 矿井自然地理与地质概况

6.1.1 自然地理概况

6.1.1.1 交通位置

锦界矿属于侏罗纪煤田榆神矿区一部分，位于陕西榆林市神木县西南 21km，属神木县瑶镇乡和麻家塔乡管辖，矿区地理坐标东经 110°06′00″~110°14′30″，北纬 38°46′30″~38°53′15″之间。榆神高速、榆神二级公路、锦大路、神延铁路并行从井田东南边界附近通过，210 国道、包茂高速从矿区西侧通过，交通方便（图 6.1）。

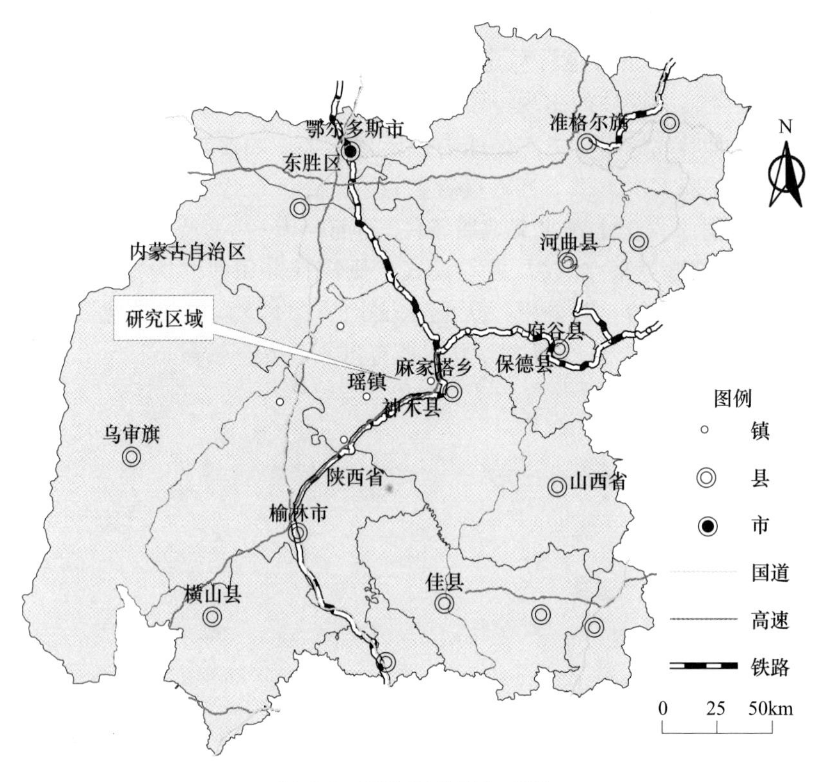

图 6.1 研究区位置与交通

6.1.1.2 地形地貌

井田位于陕北黄土高原北端、毛乌素沙漠东南缘，地形较复杂多变，地表高程 1110.00~1313.00m，最大高差 203m。井田大部被第四系风积沙覆盖，地貌有风沙、黄土和沟谷地貌。

6.1.1.3 气象与水文

该区地处西北内陆，气候属半干旱大陆性季风气候，干旱少雨，年均降水量 440mm，7~9 月降雨量占全年降水的 58%以上，各月降水量不均匀，蒸发量大。

井田内地表水系主要包括青草界沟、河则沟和小型水库，青草界沟与河则沟均为长年性流水，两河均由井田西南部排入秃尾河，年平均日流量分别为 21417.70m^3/d 和 9832.32m^3/d。

6.1.2 矿井地质

6.1.2.1 地层

井田地层由老至新依次为（图 6.2）三叠系上统永坪组（T_3y），侏罗系中统延安组（J_2y）、直罗组（J_2z），新近系上新统保德组（N_2b），第四系中更新统离石组（Q_2l），上更新统萨拉乌苏组（Q_3s）、全新统风积沙（Q_4^{eol}）及冲积层（Q_4^{al}）：

（1）三叠系上统永坪组（T_3y）。永坪组本区未见地表出露，部分勘探钻孔揭露厚度 15m。岩性中~细粒长石、石英砂岩，分选性及磨圆度中等。

（2）侏罗系中统延安组（J_2y）。平行不整合于三叠系上统永坪组，厚 112.34~250.53m（揭露不全），未见地表出露。延安组为该区含煤地层，岩性以粉砂岩、细粒砂岩、中粒砂岩、长石及钙质砂岩为主，泥岩及煤层次之。

（3）侏罗系中统直罗组（J_2z）。平行不整合于延安组地层，厚 0~86.90m，广泛分布，顶部岩层风化严重，青草界沟、井田东北角等局部受到剥蚀，零星出露。岩性为中~粗砂岩，分选性中等。

（4）第三系上新统保德组（N_2b）。不整合于侏罗系中统直罗组，厚 0~83.12m，岩性为黏土及亚黏土，分布于井田东北~西南部，局部出露，河则沟、青草界沟一带剥蚀。

（5）第四系中更新统离石组（Q_2l）。不整合于下伏地层，厚 0~65.55m，主要分布于井田东南部，零星分布于矿区中部及西南部，缺失地区形成“天窗”。岩性为亚黏土、亚砂土。

（6）第四系上更新统萨拉乌苏组（Q_3s）。厚度 0~73.50m，区内广泛分布，出露于青草界沟及沙丘间低滩地。

（7）第四系全新统冲积层（Q_4^{al}）及风积沙层（Q_4^{eol}）。冲积层（Q_4^{al}）不整合于下伏地层，厚 0~27.30m，主要分布于青草界和河则沟之中，岩性以细砂、粉

地层单位：界	系	统	组	段	地层厚度/m 最小～最大/平均值	煤层编号	岩性描述
新生界 K_z	第四系 Q	全新统 Q_4			0～73.50/25.00		风积沙：井田广泛分布，多以固定沙丘和半固定沙丘覆盖于其他地层之上。局部见风成砂纹。岩性主要为浅黄色、褐黄色细砂、粉砂，质地均一，分选较好，磨圆度较差，厚度0～21.90m。 冲积层：主要分布于青草界沟之中，岩性多以灰黄色细砂、粉砂、亚砂土、亚黏土为主，含少量腐殖土，底部含砾石层，砾石直径3～4cm，分选型、磨圆度均差，厚度0～9.76m
		上更新统 Q_3	萨拉乌苏组 Q_3s				井田大部分布，主要出露于青草界沟两侧及沙丘间低滩地，呈蘑菇状。岩性主要由灰黄色、灰绿色、灰褐色及灰黑色粉砂、细砂组成，其次为中砂。夹亚砂土、粉砂土和腐殖质层，局部底部含钙质豆状结核，平面上厚度变化较大，极不稳定，与下伏地层不整合接触。
		中更新统 Q_2	离石组 Q_2l		0～65.33/20.00		井田基本分布，主要出露于南部马场梁、黄土庙、小西梁，中部大曼梁，东北部百家庙一带。岩性以灰黄、棕黄色亚黏土为主，亚砂土次之，其中夹多层古土壤层，含分散状钙质结核，结核直径一般3～5cm，最大为20cm，具垂直裂隙，发育小型冲沟
	新近系 N	上新统 N_2	保德组 N_2b		0～53.70/20.00		井田内J301、J501、54、38孔地带有分布，岩性主要为浅红色、棕红色黏土及亚黏土，含不规则的钙质结核，呈层状分布。局部地段底部为1～3cm厚砾石层，成分多为石英砂岩、泥砾等，钙质胶结，坚硬致密
中生界 Mz	侏罗系 J	中统 J_2	直罗组 J_2z		0～103.85/40.00		井田内广泛分布，仅在青草界小沟脑及J405孔附近零星出露，因受新生界剥蚀，残留厚度变化较大，与下伏延安组呈平行不整合接触。岩性主要以紫杂色、灰绿色、灰白色中～粗粒长石砂岩为主，夹细粒砂岩、粉砂岩，底部多数含有一薄层砾岩，厚度0.3～0.64m，砾径1～10cm
			延安组 J_2y	第五段 J_2y^5	0～11.31/5.65		本段自2^{-2}煤层顶板至煤系顶界。井田内大多数因遭剥蚀而缺失，仅在J701、J603孔见分布，其岩性以深灰～灰色粉砂岩、细粒砂岩为主，局部夹砂质泥岩薄层，具微波状层理，见有水平层理，参差状断口
				第四段 J_2y^4	2.30～56.30/34.23	2^{-2}煤	本段自3^{-1}煤层顶板至2^{-2}煤层顶界，因受后期剥蚀，上部地层不同程度缺失，2^{-2}煤层局部保留。岩性以灰白色～深灰色泥岩、粉砂岩、砂质泥岩为主，见有灰白色细粒砂岩、中粒砂岩和粗粒砂岩，具微波状，小型交错层理、水平层理
				第三段 J_2y^3	34.52～48.65/42.43	3^{-1}煤	本段自4^{-2}煤层顶板至3^{-1}煤层顶界。岩性以灰色、深灰色粉砂岩、砂质泥岩为主，灰白色中粒长石砂岩、细粒砂岩次之。发育有微波状小型交错层理、斜层理、水平层理、均匀层理。3^{-1}煤层下2～3m处有一层位稳定、厚约0.20～0.35m的薄煤层3^{-2}煤，为3^{-1}煤层对比的辅助标志层
				第二段 J_2y^2	54.13～72.41/61.60	4^{-2}煤 4^{-3}煤 4^{-4}煤	本段自5^{-2}煤层顶板至4^{-2}煤层顶面，含4号煤组，可划分为C、D、E三个亚段： E亚段：上部以灰色、深灰色粉砂岩、泥岩为主，下部为巨厚层状的中～粗粒砂岩。发育微波状小型交错层理，见有斜层理、均匀层理，4^{-2}、$4^{-2?}$煤层位于其顶部。 D亚段：以灰色、深灰色粉砂岩、泥岩为主，细粒砂岩次之，4^{-3}煤层位于其顶部。 C亚段：以灰色、深灰色粉砂岩、泥岩、砂质泥岩为主，细粒砂岩、中粒砂岩次之，夹有炭质泥岩，4^{-4}煤层位于其顶部
				第一段 J_2y^1	13.09～91.73/52.06	5^{-2}煤 $5^{-2?}$煤 5^{-3}煤	本段自延安组底部至5^{-2}煤层顶面，含5号煤组，可分为A、B两个亚段，与下伏地层呈平行不整合接触。 B亚段：以灰色～灰白色粉砂岩、细粒砂岩为主，夹有中粒砂岩、砂质泥岩，具微波状交错层理，见有水平层理，顶部为5^{-2}煤层和$5^{-2?}$煤层。 A亚段：以灰色、深灰色粉砂岩、砂质泥岩为主，局部夹中粒砂岩、细粒砂岩和炭质泥岩，具波状层理为主，见有均匀层理，5^{-3}煤层位于其顶部
	三叠系 T	上统 T_3	永坪组 T_3y		14.23～48.26/31.25		本段地层是陕北侏罗纪煤田含煤岩系的沉积基地，遍布全井田，据邻区资料统计，其厚度一般为80～200m，井田内仅有7个钻孔揭露其上部14.23～48.26m。其岩性为一套巨厚层状灰绿色中～细粒长石石英砂岩，含大量云母及绿泥石，分选型、磨圆度中等，含石英砾、灰绿色泥质包体及黄铁矿结核

图例：松散砂层　砾石　粗砂岩　中砂岩　细砂岩　粉砂岩　泥岩　煤层　植物化石　动物化石

图6.2　井田综合地层柱状图

砂、亚砂土和亚黏土为主。风积沙层（Q_4^{eol}）不整合于下伏地层，厚度 0~21.90m，岩性主要为细砂、粉砂，分选较好，磨圆度较差。

6.1.2.2 煤层

（1）3^{-1}煤：厚 2.58~3.60m，平均 3.12m，结构简单，为稳定煤层；（2）4^{-2}煤：煤厚 1.85~3.72m，平均 2.84m，结构简单，为稳定煤层；（3）4^{-3}煤：煤厚 0.80~1.98m，平均 1.34m，结构简单，为稳定煤层；（4）4^{-4}煤：煤厚 0.80~1.30m，平均 1.06m，结构简单，为较稳定煤层；（5）5^{-2}煤：煤厚 0.80~2.79m，平均 1.65m，为稳定煤层；（6）$5^{-2下}$煤：煤厚 2.70~5.38m，平均 3.74m，结构简单，为稳定煤层；（7）5^{-3}煤：煤厚 0.80~1.44m，平均 0.96m，结构简单，为较稳定煤层。

6.1.2.3 构造

构造简单，地层倾角小于 1°。仅发育 3 条小型正断层，无褶皱和岩浆活动。

6.1.3 矿井水文地质

6.1.3.1 含水层

井田主要有松散孔隙潜水含水层和直罗组风化基岩孔隙-裂隙承压含水层，前者包括河谷冲积层潜水和萨拉乌苏组潜水；另外，井田内局部区域还存在烧变岩孔洞裂隙潜水。

A 第四系砂层水

（1）河谷冲积层（Q_4^{al}）潜水。分布于青草界沟谷阶地及漫滩区，厚 8.56~26.40m，单位涌水量 0.06038L/(s · m)，弱富水性，渗透系数 0.833m/d，水位埋深 0.90~3.00m。水质为 HCO_3~Ca 型，矿化度 0.393g/L。

（2）第四系上更新统萨拉乌苏组（Q_3s）潜水。分布于青草界沟以北，厚 10~30m，单位涌水量 0.116~1.722L/(s · m)，富水性中等，渗透系数 0.813~4.760m/d，水位埋深 1.20~6.00m。水质为 HCO_3~Ca 型，矿化度 0.286g/L。

B 侏罗系风化基岩含水层

该含水层是矿井直接充水含水层，除青草界沟外全区分布，厚 0~83.75m，单位涌水量 0.0402~0.666L/(s · m)，渗透系数 0.142~0.882m/d，富水性中等。水质为 HCO_3~Ca 型水，矿化度小于 0.3g/L。

C 烧变岩含水层

呈不规则条带分布于井田西南部，单位涌水量为 3.314L/(s · m)，渗透系数为 74.103m/d，富水性强。水质良好，属 HCO_3~Ca 型水。

6.1.3.2 隔水层

隔水层厚0~90m，包括第四系离石组黄土与新近系保德组红土，在局部地区黄土和红土均缺失，井田内形成多个“天窗”。

6.1.3.3 地下水的补、径、排条件

（1）第四系松散层孔隙潜水补、径、排条件。砂层潜水接受大气降水直接补给，沿黄土顶面向青草界沟、河则沟等径流，以泉、蒸发等形式排泄。在“天窗”区，砂层潜水下渗补给直罗组基岩裂隙水。

（2）中侏罗统直罗组孔隙-裂隙水补、径、排条件。直罗组风化基岩含水层主要接受区域侧向补给和上部第四系地下水通过“天窗”的渗透补给，在基岩裸露区接受大气降水补给。沿基岩面由高向低径流至河谷区出渗和顶托越流排泄。

（3）烧变岩裂隙孔洞潜水的补、径、排条件。烧变岩裂隙水长期接受第四系松散层潜水和基岩风化带潜水侧向补给，在地形低凹、烧变岩露头处以泉排泄于沟谷中。

6.2 煤层覆岩导水裂隙带高度预计及水体允许采动破坏程度

通过分析地质资料可知，3^{-1}煤在青草界沟地段埋深大部分为50m以浅，基岩厚度小于30m，且强风化；而在河则沟地段埋深大部分为100m以浅，基岩厚度小于50m；此外，青草界沟和河则沟地段地下水丰富、补给条件良好，风化基岩裂隙含水层和松散孔隙含水层下方无稳定的黏性土隔水层。因此，水体采动等级为Ⅰ级，不允许导水裂隙带波及富含水层。中硬岩层“两带”高度计算公式为：

$$H_{\mathrm{m}} = \frac{100\sum M}{4.7\sum M + 19} \pm 2.2 \tag{6.1}$$

$$H_{\mathrm{li}} = \frac{100\sum M}{1.6\sum M + 3.6} \pm 5.6 \tag{6.2}$$

另外，由于覆岩岩性为中硬，需要留设防水安全煤岩柱保护层厚度为6倍采厚。因此，按煤层厚度2.5~3.6m计算，3^{-1}煤开采后垮落带高度为10.3~12.2m，导水裂隙带高度为38.5~44.1m，加保护层后防砂煤岩柱高度为17.8~23.0m，加保护层后防水煤岩柱高度为53.5~65.7m。

6.3 煤层与含水层赋存关系及隔水层控水控砂能力

根据钻孔资料，本节系统地总结了研究区域充水含水层结构及溃水溃砂危险区煤层-隔水层-含水层空间赋存关系，如图6.3、图6.4所示。风化基岩裂隙含水层是薄基岩区域煤层直接充水含水层，风化基岩裂隙含水层和松散孔隙含水层均是超薄基岩区域煤层直接充水含水层，导水裂隙带与含水层位置关系如图6.5所示。

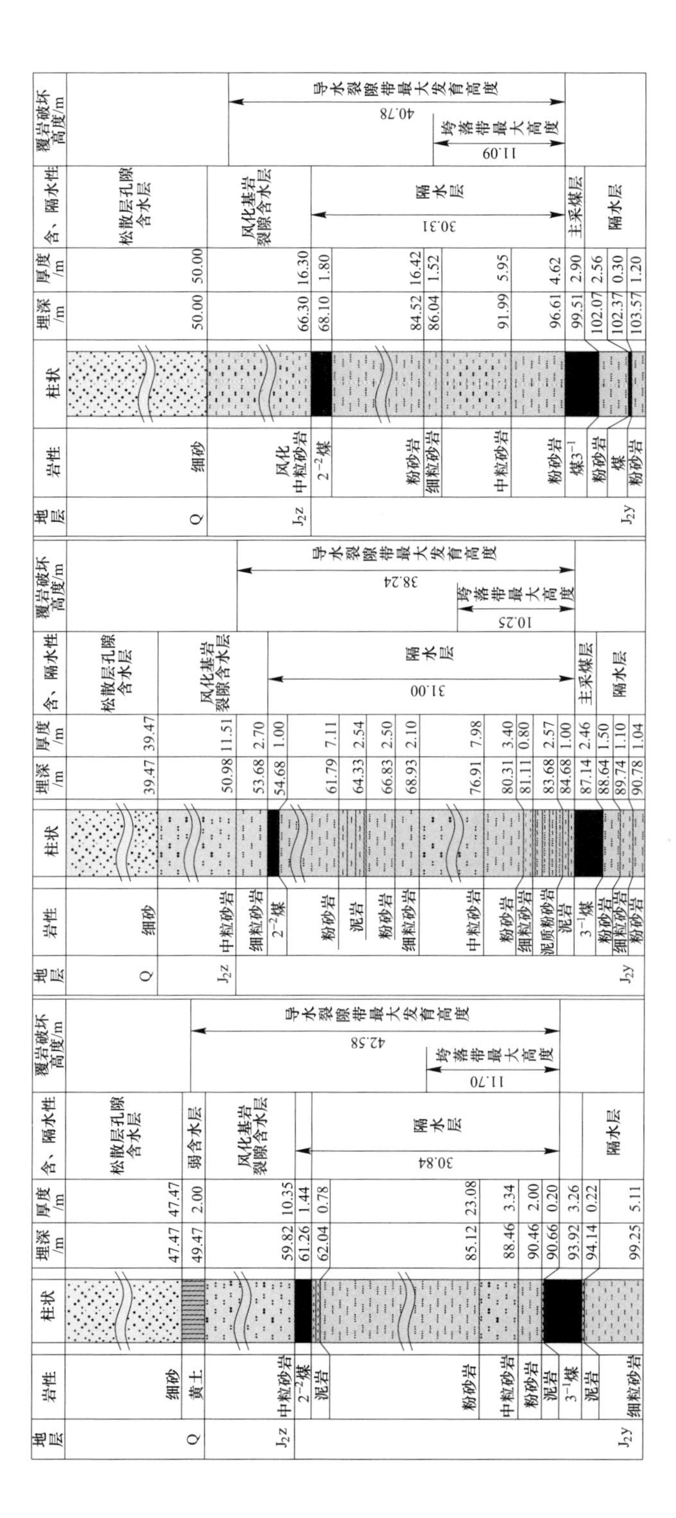

图 6.3 溃水危险区煤层-隔水层-含水层空间赋存关系

地层	岩性	埋深/m	厚度/m	含、隔水性	覆岩破坏高度/m
Q	细砂	19.87	19.87	松散层孔隙含水层	导水裂隙带最大发育高度 41.31
Q	粉砂	76.10	56.23	松散层孔隙含水层	垮落带最大高度 11.26
J_2y	细粒砂岩	78.40	2.30	弱含水层	
J_2y	3^{-1}煤	81.40	3.00	主采煤层	
J_2y	粉砂岩	97.68	16.28		

地层	岩性	埋深/m	厚度/m	含、隔水性	覆岩破坏高度/m
Q	细砂	21.97	21.97	松散层孔隙含水层	导水裂隙带最大发育高度 42.76
Q	黄土	34.42	12.45	隔水层 19.29	垮落带最大高度 11.76
J_2y	粉砂质泥岩	39.24	4.82		
J_2y	粉砂岩	41.13	1.89		
J_2y	泥岩	41.26	0.13		
J_2y	3^{-1}煤	44.56	3.30	主采煤层	
J_2y	细粒砂岩	57.70	13.14	隔水层	
J_2y	粉砂质泥岩	59.60	1.9		
J_2y	中粒砂岩	60.90	1.3		
J_2y	粉砂岩	66.83	5.93		

地层	岩性	埋深/m	厚度/m	含、隔水性	覆岩破坏高度/m
Q	细砂	8.70	8.70	松散层孔隙含水层	
Q	粉砂	13.20	4.50		
Q	中砂	37.70	24.50		导水裂隙带最大发育高度 42.30
Q	黄土	41.35	3.65	隔水层 24.00	
Q	黏土	43.55	2.20		
J_2y	粉砂岩	57.40	13.85		垮落带最大高度 11.60
J_2y	细粒砂岩	60.40	3.00		
J_2y	粉砂岩	61.70	1.30		
J_2y	3^{-1}煤	64.90	3.20	隔水层	
J_2y	粉砂岩	67.80	2.90		
J_2y	细粒砂岩	69.00	1.20		
J_2y	中粒砂岩	71.60	2.60		

图 6.4　溃水溃砂危险区煤层-隔水层-含水层空间赋存关系

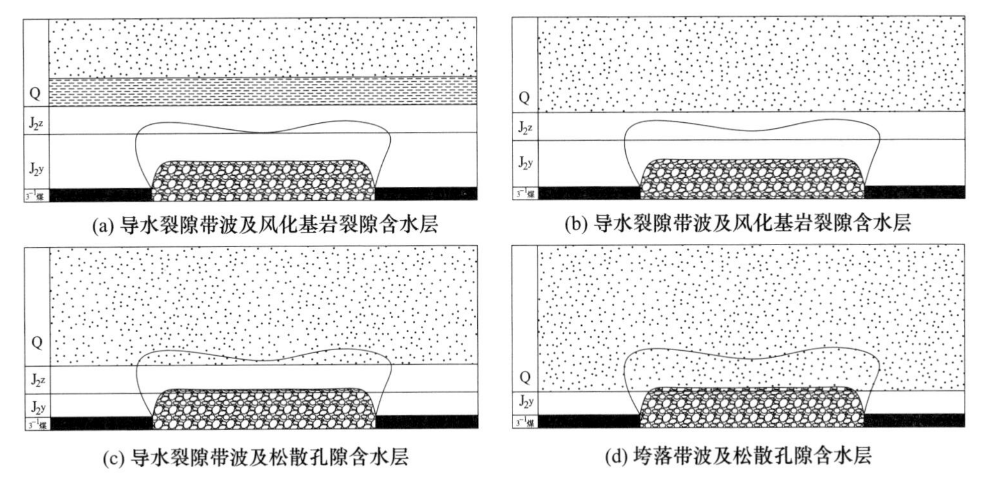

(a) 导水裂隙带波及风化基岩裂隙含水层　(b) 导水裂隙带波及风化基岩裂隙含水层

(c) 导水裂隙带波及松散孔隙含水层　(d) 垮落带波及松散孔隙含水层

图 6.5　典型薄基岩区导水裂隙带发育高度与含水层关系

在新近系保德组红土与第四系离石组黄土缺失的薄基岩区，煤层与风化基岩裂隙含水层和松散孔隙含水层之间的岩（土）层隔水性受采动影响不再具有原始的控水控砂能力，具体表现为：当松散含水层底部一定厚度的稳定土层隔水层位于导水裂隙带上方，且导水裂隙带波及风化基岩含水层，其土层隔水性受到较弱影响时，工作面涌水以风化基岩裂隙水为主（图 6.5a）；当隔水层位于导水裂隙带内时，导水裂隙带波及风化基岩的上部较富水区域，但并未波及松散孔隙含水层，隔水层的隔水性由导水裂隙带的上部向下部逐渐减弱，其控水能力明显降低（图 6.5b）；当隔水层位于导水裂隙带内，且导水裂隙带波及松散孔隙含水层和直罗组风化基岩裂隙含水层，但是垮落带并未波及松散孔隙含水层时，其隔水性受到破坏不再具有控水能力，同时控砂能力受到轻微影响（图 6.5c）；当隔水层位于垮落带内时，其隔水性能完全被破坏，覆岩不再具有控水控砂能力（图 6.5d）。

6.4　基岩裂隙+松散孔隙含水层下“煤-水”双资源型矿井开采模式分析

开采模式分为以下四种：

（1）“超前疏干+井下洁污水分流分排+多位一体优化结合+长壁综采/综放开采”模式。

锦界煤矿普遍采用超大工作面综采技术，工作面宽度达到 200～300m 以上，推进距离超过 4000m，工作面采动覆岩破坏程度、地表变形程度以及对上覆水体的扰动程度也比传统工作面严重。若要保证安全开采，则需超前疏放上覆水体，即在井下施工钻孔对松散孔隙含水层和风化基岩裂隙含水层进行疏降，在待采工作面上方形成稳定的降落漏斗。由于该矿处于干旱-半干旱气候带内，年降雨量小而蒸发量大、地表植被稀少、地下和地表水资源匮乏，生态环境相对脆弱，需重视地下水位下降后对水资源及矿区生态环境的影响。因此，采取井下洁污水分流分排和多位一体优化结合模型，是“煤-水”双资源型矿井开采的有效方法之一。

锦界矿因井下围岩、煤层含有害物质极少，矿井水可直接或经简单处理后用于灌溉、绿化环保、矿区生活饮用水，以及作为电厂用水、井下生产用水、工业园生产建设用水等。另外，可将剩余的矿井水补给或回灌到开采影响范围以外的第四系萨拉乌苏组地下水。

（2）“人工干预水文地质条件+超前疏干+井下洁污水分流分排+多位一体优化结合+长壁综采/综放开采”模式。

为防止工作面回采过程中发生溃砂事故，需要对突水溃砂灾害发生的基本条件采取措施，即消除物质源（松散砂）、动力源（水）及溃砂通道（垮落带波及松散层），因此，对薄基岩、厚松散砂层且松散层底部无黏土层的区域实施井下注浆加固，可改造含水砂层、增加隔水层厚度以及减少矿井涌水量强度，使垮落带高度不波及松散含水层。

（3）“天然水文地质条件+短壁机械化开采”模式。

在导水裂隙带沟通松散孔隙含水层区域可采用短壁机械化开采，如采用窄条带、房柱式等采煤法，因为煤柱对顶板的支撑减少了导水裂隙带对含水层的影响。为保证矿井生产安全和水资源利用，应先进行试采研究工作，还应注意的是在超薄基岩及烧变岩富水区地段可留设一定的安全防水煤岩柱。

（4）“天然水文地质条件+充填开采”模式。

充填开采能够有效抑制导水裂隙带的发育高度，在技术上是可行的。但是由于成本比较高，且需要大量的具有稳定来源的充填材料，在决策之前应充分考虑。

6.5 基于FLAC3D的不同采煤方法煤层覆岩破坏规律数值模拟研究

煤层覆岩破坏高度控制是“煤-水”双资源型矿井开采技术的核心内容，也是防止顶板溃水溃砂灾害的主要途径。本节以锦界矿 J1307 钻孔 3^{-1}煤及其顶底板岩层为对象，采用 FLAC3D 有限差分软件模拟了不同开采方法与参数工艺条件下的煤层覆岩破坏规律，以指导井下煤炭开采顶板岩层控制和地下水资源保护。

FLAC3D 软件在建模过程中将模型离散化为若干个单元，对每个单元和节点赋岩石物理力学参数，在特定的边界条件下利用有限差分法求解岩体的本构关系方程。若求得单元的应力达到了模型本构关系中的屈服准则，则单元网格会产生大变形和破坏。因此，FLAC3D 软件能模拟岩体在开挖状态下的力学响应。

6.5.1 工程地质概念模型

工程地质概念模型是将重要的地质条件进行提炼和概化，以满足对实际工程进行物理模拟或数值模拟的要求。本节以锦界矿薄基岩区开采为例，根据研究区域钻孔资料，在所确定的研究范围内建立了工程地质物理概念模型（图 6.6）。

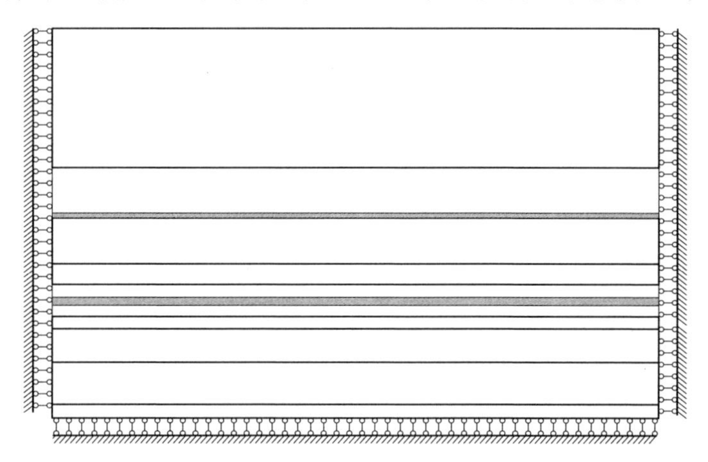

图 6.6 研究区工程地质概念模型

6.5.2 边界条件与初始参数

模型边界条件为：（1）水平方向位移 $u=0$，竖直方向位移 $v=0$；（2）模型下边界 $u=v=0$；（3）模型顶部为自由面。由于煤层埋藏深度在 150m 以浅，天然地应力场为自重应力场，且模型直接建立到地表，因此，本模型不需要施加顶端等效荷载。

岩体物理力学参数的选取是数值模型能否较好地反映实际问题的重要原因之一，由于岩体中含有大量的裂隙节理等弱化结构，岩石室内试验取得的物理力学参数不能替代岩体的物理力学参数，模型中对参数进行了弱化，部分参数取岩体力学参数的 1/5~1/3（表 6.1）。当单元变为塑性区后，需减小单元的弹性模量。

表 6.1 3^{-1}煤顶底板岩石物理力学参数

岩性	厚度/m	密度/$kg\cdot m^{-3}$	弹性模量/GPa	泊松比	黏聚力/MPa	内摩擦角/(°)	抗拉强度/MPa
松散砂层	50	1760	0.01	0.35	0.03	25.0	0.001
风化中粒砂岩	16.3	2450	6.0	0.30	1.0	32.0	0.58
2^{-2}煤	1.8	1350	5.8	0.28	1.2	34.0	0.60
粉砂岩	16.4	2450	6.5	0.26	1.5	33.0	0.63
中粒砂岩	7.5	2350	9.5	0.25	2.0	36.0	0.75

续表 6.1

岩性	厚度/m	密度 /kg · m^{-3}	弹性模量 /GPa	泊松比	黏聚力 /MPa	内摩擦角 /(°)	抗拉强度 /MPa
粉砂岩	4.6	2460	6.5	0.26	1.5	35.0	0.45
3^{-1}煤	2.9	1350	6	0.28	1.0	30.0	0.6
粉砂岩	4.0	2440	7.6	0.21	1.6	36.0	0.65
细粒砂岩	4.4	2425	9.0	0.27	2.5	35.0	1.0
粉砂岩	12.0	2440	6.5	0.25	1.4	35.0	0.7
细粒砂岩	15.1	2550	8.0	0.23	2.8	36.0	0.8
粉砂岩	5.0	2500	6.0	0.28	1.2	32.0	0.65

6.5.3　数值计算模型

岩体破坏可用塑性破坏表示，故煤系顶底板岩体本构关系采用 Mohr-Coulomb 本构模型，采用的破坏准则为 Mohr-Coulomb 准则和最大拉应力准则（图 6.7），其中，三个主应力 $\sigma_1 \leqslant \sigma_2 \leqslant \sigma_3$。

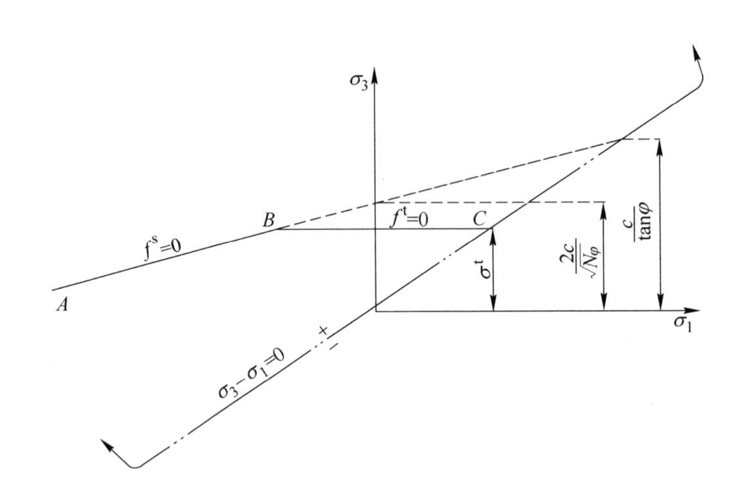

图 6.7　Mohr-Coulomb 破坏准则

破坏包线 $f^{s}(\sigma_1, \sigma_3)=0$，在 A 到 B 上由莫尔库伦准则 $f^{s}=0$ 定义，即：

$$f^{s}=\sigma_1-\sigma_3 N_{\varphi}-2c\sqrt{N_{\varphi}} \tag{6.3}$$

在 B 到 C 上由拉伸破坏准则 $f^{t}=0$ 定义，即：

$$f^{t}=\sigma_3-\sigma^{t} \tag{6.4}$$

式中　σ_1——最大应力，MPa；

σ_3——最小主应力，MPa；

$N_{\varphi}=\frac{1+\sin\varphi}{1-\sin\varphi}$；

c——黏聚力，MPa；

φ——内摩擦角，(°)；

σ^{t}——抗拉强度，MPa。

岩体的抗拉强度不能超过$f^{s}=0$和$\sigma_1=\sigma_3$交点相对应的σ_3值，即抗拉强度的最大值为：

$$\sigma_{\max}^{t}=\frac{c}{\tan\varphi} \tag{6.5}$$

数值模型是在工程地质概念模型的基础上建立起来的数学-力学模型，通过设置边界条件及初始的物理力学参数，采用专门的数值计算软件求解数值模型，研究开挖等活动引起的一系列变形破坏等问题。建立的数值模型尺寸为$x×y×z=$ 400m×450m×140m，x和y方向单元尺寸均为5m，z方向单元尺寸各岩层不同，模型中共有294840个节点，280800个单元，如图6.8所示。初始应力状态如图6.9所示。

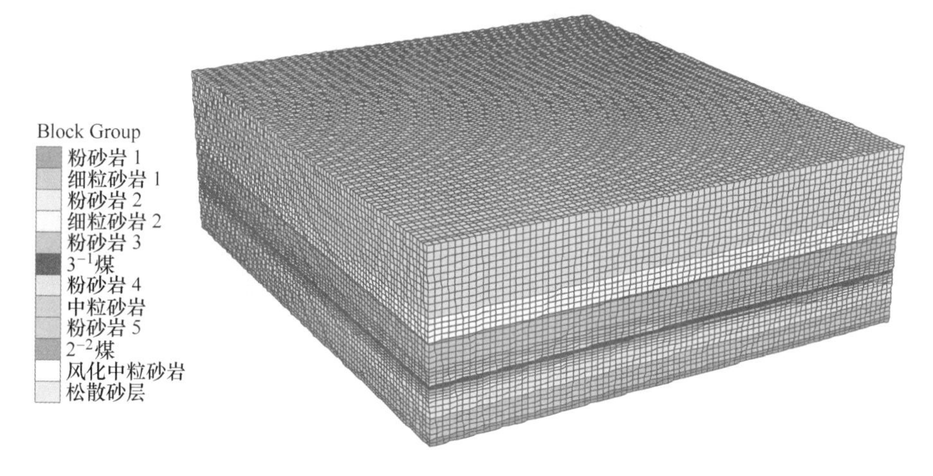

图6.8 基于FLAC3D的研究区数值模型

6.5.4 模拟方案设计

数值模拟的目的：(1) 研究长壁工作面3^{-1}煤开采过程中覆岩破坏规律；(2) 研究不同煤柱条件下长壁工作面开采上覆岩层破坏规律；(3) 研究不同条带开采方案下的覆岩破坏规律；(4) 研究不同充填体弹性模量条件下覆岩破坏规律。

模型中每次开挖煤层5m，沿煤层走向留设100m煤柱，沿煤层倾向留设煤柱尺寸视工作面的尺寸而定，但不少于45m。具体数值模拟方案如下：

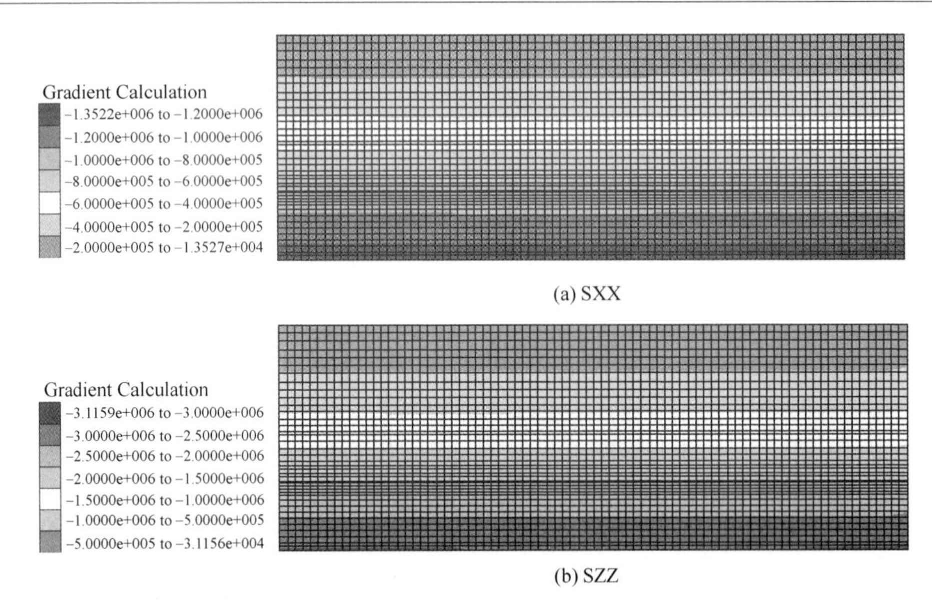

(a) SXX

(b) SZZ

图 6.9 数值模型初始应力云图

（1）长壁综采，即非充填开采。工作面长度 200m，两侧边界煤柱宽度各 100m（图 6.10）。

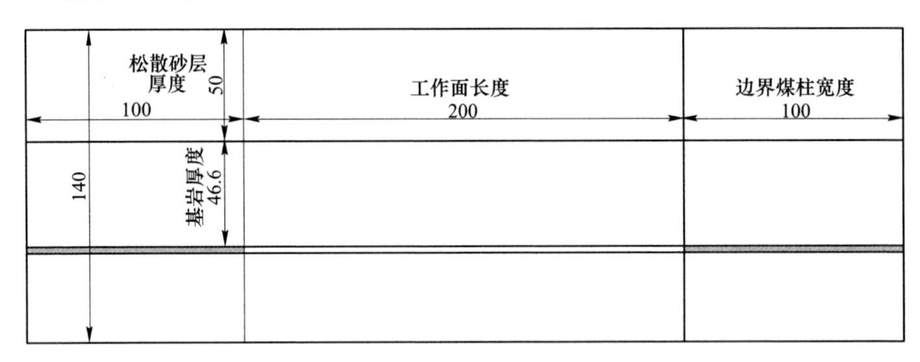

图 6.10 模拟方案一

（2）长壁综采，即非充填开采。工作面长度 100m，工作面之间留设小煤柱（或无煤柱）、20m、40m 煤柱，模型两侧边界煤柱宽度分别为 100m、90m、80m（图 6.11）。

（3）条带开采：

1）窄条带开采：采 20m 留 20m，模型两侧边界煤矿宽度 130m。

2）宽条带开采：采 30m 留 30m，模型两侧边界煤柱宽度 95m；采 50m 留 50m，模型两侧边界煤柱宽度 75m；采 60m 留 50m，模型两侧边界煤柱宽度 60m；采 70m 留 50m，模型两侧边界煤柱宽度 45m（图 6.12）。

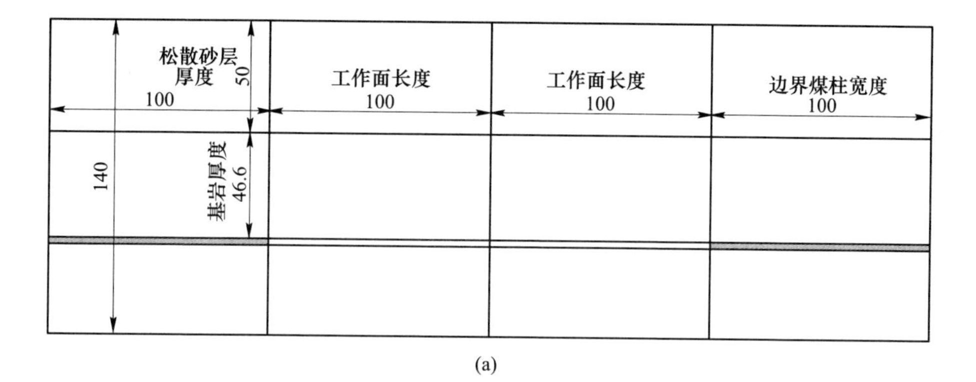

(a)

(b)

(c)

图 6.11 模拟方案二

（4）充填开采。工作面长度 200m，模型两侧边界煤柱宽度 100m。充填体弹性模量为 0.05GPa、0.1GPa、0.2GPa、0.4GPa（图 6.13）。

6.5.5 模拟结果分析

煤层开挖以后，数值模型产生不同的力学–位移响应关系，通过分析采后应

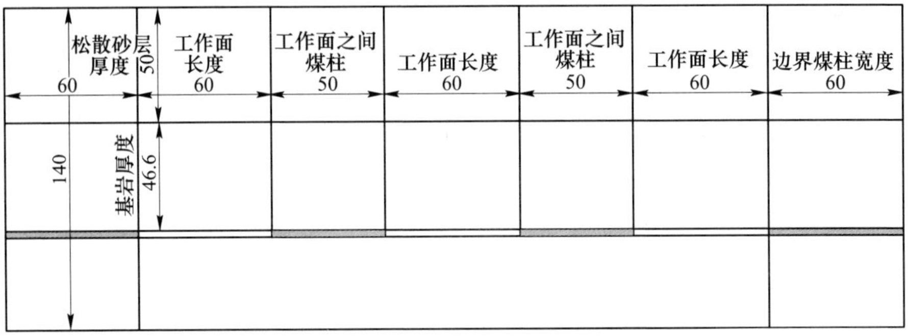

松散砂层
厚度
50
60
工作面
长度
60
工作面之间
煤柱
50
工作面长度
60
工作面之间
煤柱
50
工作面长度
60
边界煤柱宽度
60
140
基岩厚度
46.6

图 6.12　模拟方案三

松散砂层
厚度
50
100
工作面长度
200
边界煤柱宽度
100
140
基岩厚度
46.6

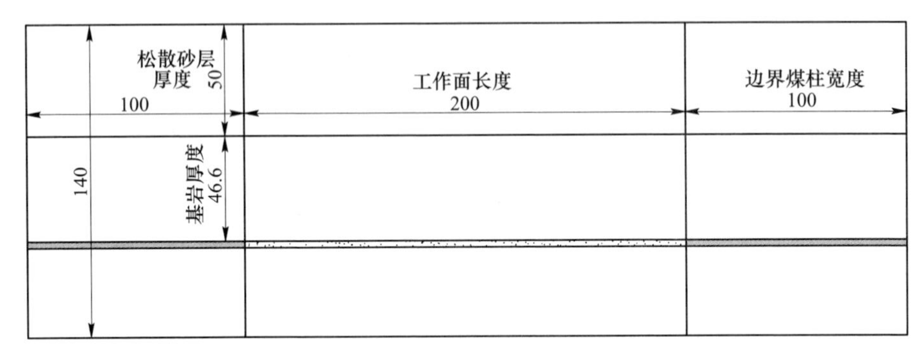

图 6.13　模拟方案四

力场、位移场及塑性区的演化过程，可作为研究覆岩运动规律和破坏特征的依据。

6.5.5.1　高强度长壁工作面非充填开采覆岩破坏特征

A　工作面垂直应力分布规律

煤层开采引起应力二次分布，在采空区四周出现高于原始应力的支承压力区，采空区上方形成压力拱结构，采空区内部形成应力小于原始应力且垂直应力逐渐恢复的卸压区。支承压力随工作面推进而不断向前方转移，图 6.14 所示为长壁工作面推进 200m 时工作面周围支承应力分布规律。图 6.15 所示为工作面倾向支承应力分布规律，可以看出，工作面上下两端存在应力集中区，影响范围在 20~30m 左右。采空区垂直应力随上覆岩层的压实逐渐恢复为原岩应力，此时覆岩逐渐停止运动。

B　工作面推进过程中煤层覆岩破坏演化规律

随着工作面向前推进，直接顶产生下沉、离层及周期性垮落，基本顶产生周期性断裂，采动影响范围不断扩大。图 6.16 所示为高强度长壁工作面开采塑性区的演变过程，在工作面推进过程中，覆岩裂隙不断向上发展，当推进到100m时，由于风化中粒砂岩的强度较低，下行裂隙开始向下发展；当工作面推进到150m时，上行裂隙与下行裂隙贯通，此时导水裂隙带已经波及风化基岩裂隙含水层，导水裂隙带高度为46.6m，若中粒砂岩上部强风化区和第四系松散砂层水富水性好，工作面易发生溃水灾害。

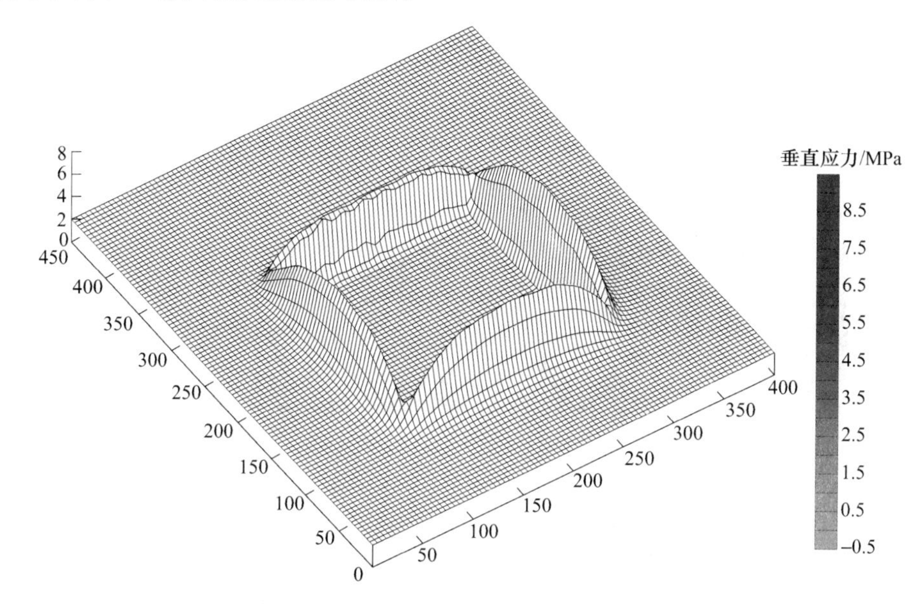

图6.14 工作面四周支承压力分布规律

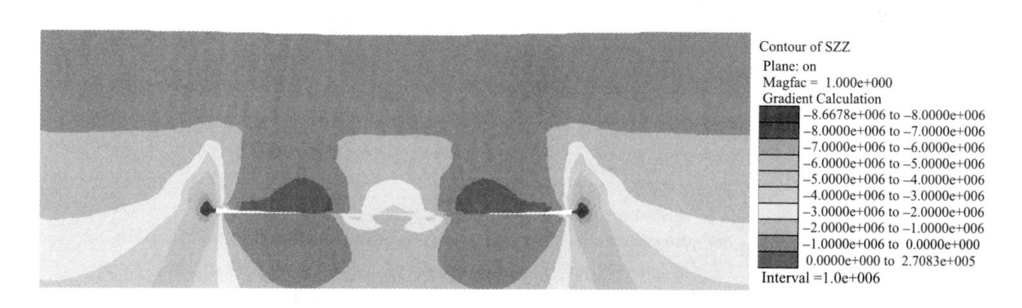

图6.15 工作面倾向支承应力分布规律（y=180m）

C 高强度开采地表破坏与下沉特征

随着工作面持续地推进到200m时，采空区范围逐渐扩大，地表松散层出现一定程度的破坏，地表开始产生拉裂缝；当工作面推进250m时，塑性区高度贯通到地表，第四系松散层产生大量的拉破坏和剪切破坏，且在地表的破坏范围要比开采区域大，如图6.17所示。

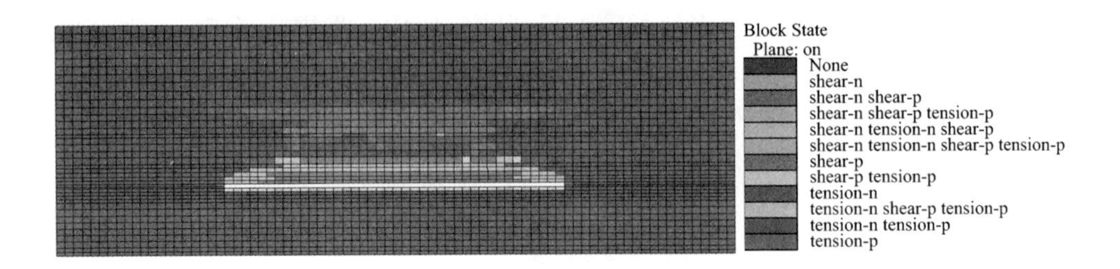

(a) 推进100m时

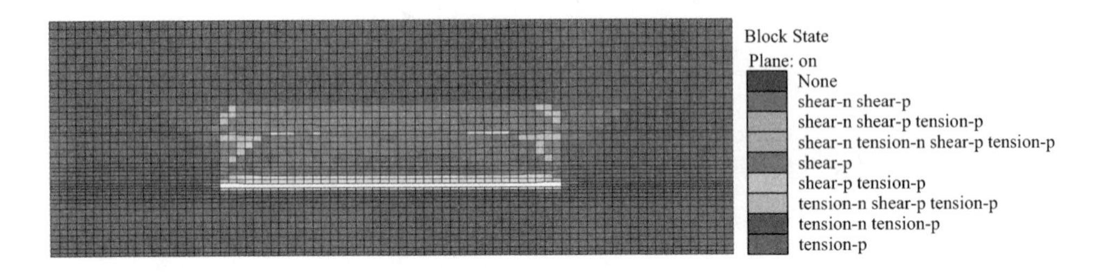

(b) 推进150m时

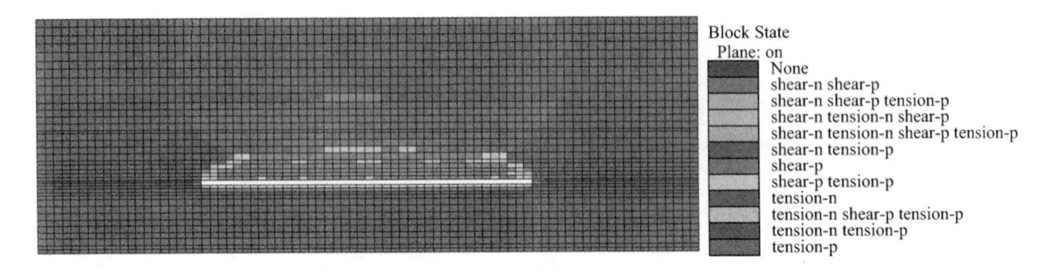

(c) 推进200m时

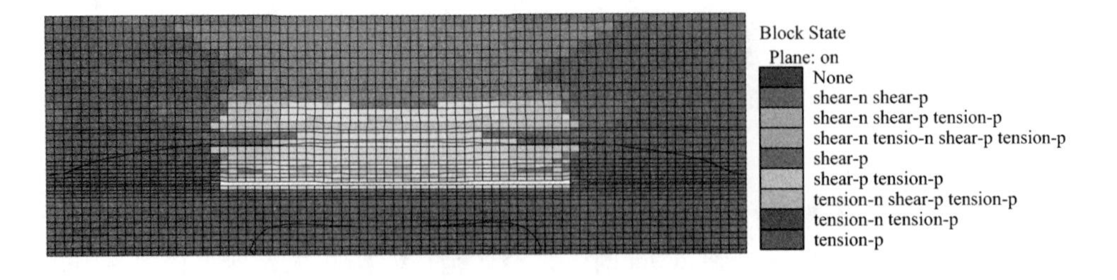

(d) 推进250m时

图 6.16　煤层覆岩导水裂隙带发育过程（x=200m）

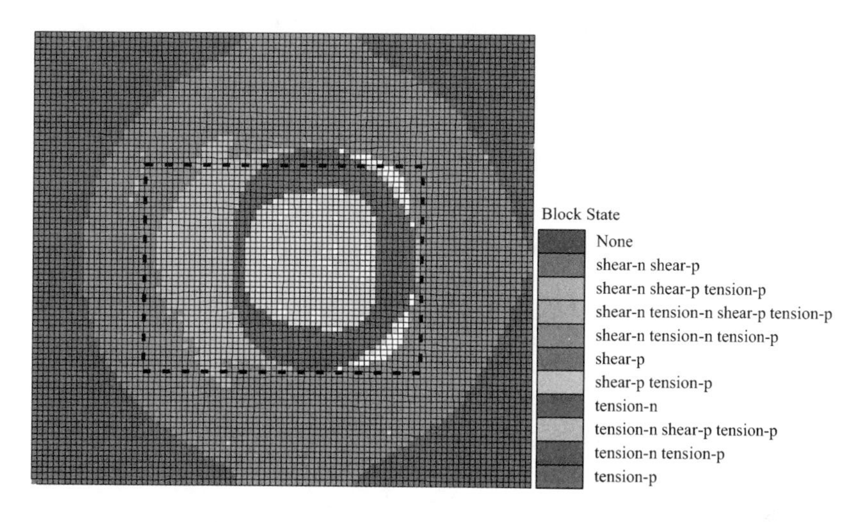

图 6.17 高强度开采地表破坏范围（虚线为对应的工作面位置，工作面自右向左推进）

随着工作面的推进，地表的影响范围不断扩大，下沉值不断增加，在地表出现大于工作面范围的下沉盆地。图 6.18 所示为工作面推进 250m 时的地表下沉盆地，图 6.19 所示为工作面倾向垂直位移。从图中可以看出，地表下沉最大值为 2.4m，出现类似“碗型”平底，说明工作面推进 250m 时在倾向和走向方向达到充分采动状态，地表下沉系数为 0.82。

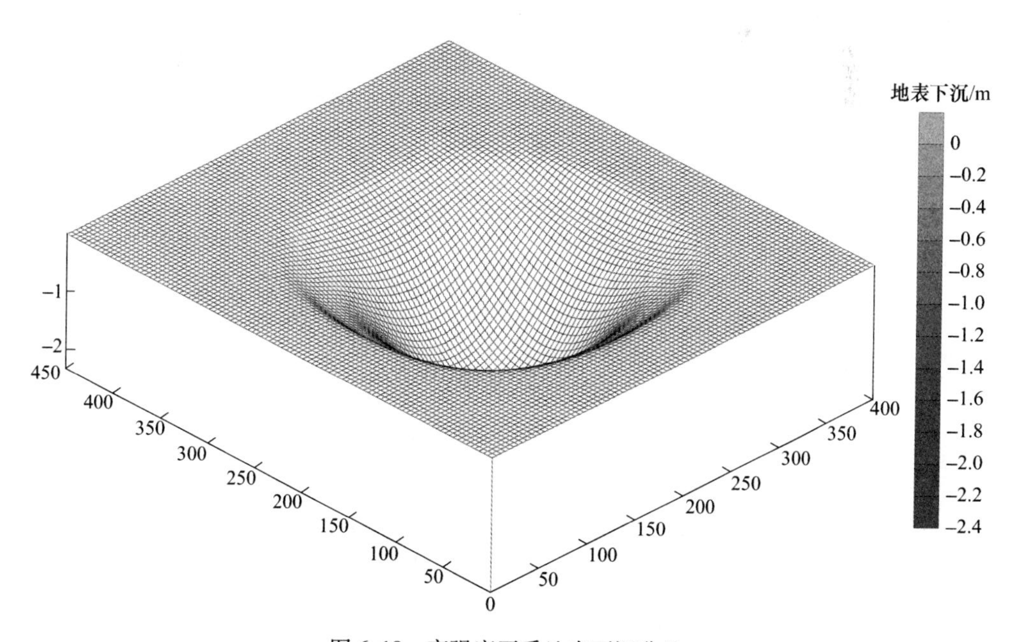

图 6.18 高强度开采地表下沉盆地

图 6.19　工作面倾向垂直位移（y=180m）

6.5.5.2　长壁综采煤柱宽度对覆岩破坏的影响规律

方案二工作面长度为100m，仍属于长壁工作面，不同的是工作面之间的煤柱宽度，分别是0m（小煤柱或无煤柱）、20m、40m。图6.20所示为不同煤柱宽度塑性区分布规律，可以看出，随着上下两个工作面之间煤柱宽度的增加，采煤对第四系松散层影响降低。当采用小煤柱或无煤柱开采时，下工作面开采完后覆岩破坏和地表变形与超长工作面开采类似，3^{-1}煤开采覆岩破坏范围发展贯通到

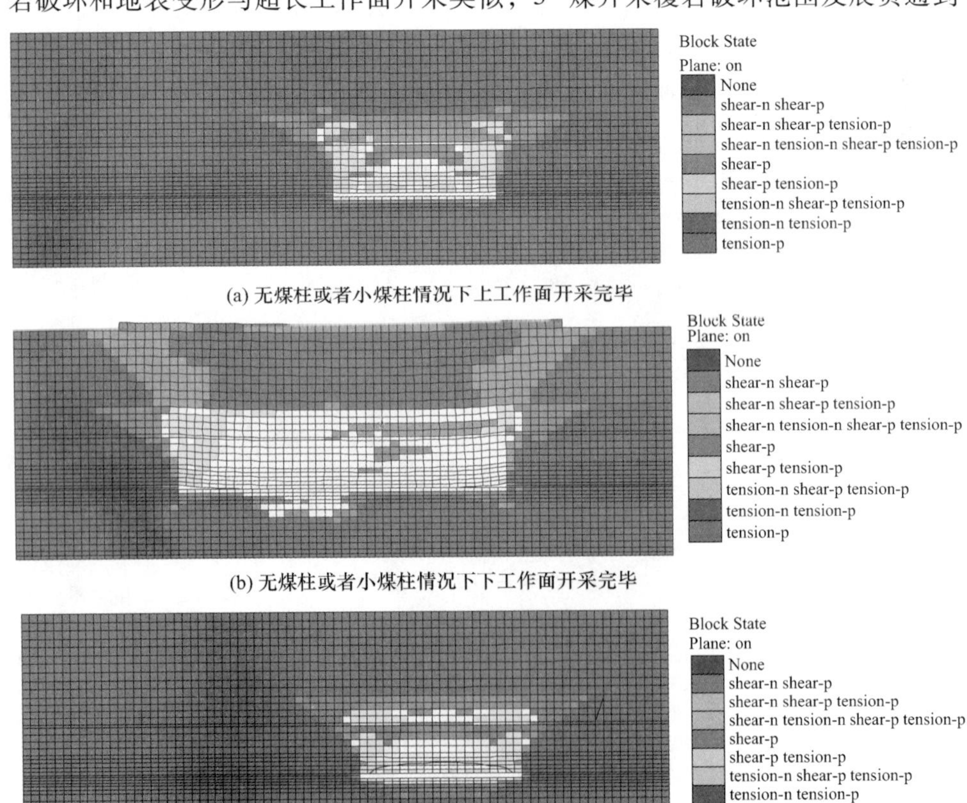

(a) 无煤柱或者小煤柱情况下上工作面开采完毕

(b) 无煤柱或者小煤柱情况下下工作面开采完毕

(c) 20m煤柱情况下上工作面开采完毕

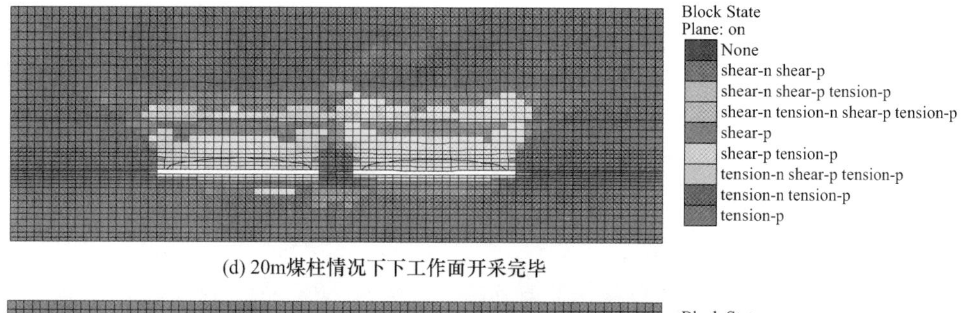

(d) 20m煤柱情况下下工作面开采完毕

(e) 40m煤柱情况下上工作面开采完毕

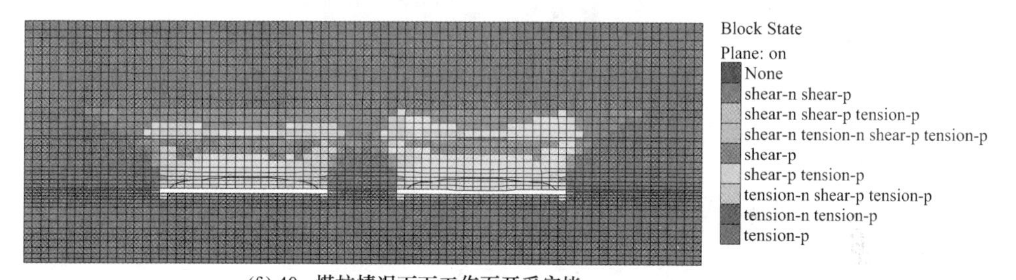

(f) 40m煤柱情况下下工作面开采完毕

图 6.20 不同煤柱宽度情况下导水裂隙带发育高度（$y=200$m）

地表，导水裂隙带发育高度为46.6m。当采用20m和40m煤柱时，对地表变形起到了一定的控制作用，地表是均匀下沉，未形成贯通型切断破坏。

6.5.5.3 条带开采导水裂隙带发育高度规律

A 不同开采方案下导水裂隙带发育高度

图6.21~图6.25所示为不同条带开采方案下导水裂隙带发育规律。在采50m留50m情况下导水裂隙带发育高度最大值为20.3m；在采60m留50m情况下覆岩破坏带波及2^{-2}煤，导水裂隙带发育最大高度为30.3m，在该方案下上部的风化中粒砂岩局部开始产生下行裂隙；在采70m留50m情况下覆岩破坏带波及风化中粒砂岩，导水裂隙带发育最大高度为46.6m，且达到了长壁开采条件下的最大值。在采50m留50m和采60m留50m情况下，下工作面开采对上一个工作面开采没有产生严重影响，但在采70m留50m情况下，下工作面开采后形成

的破坏区与上一个工作面形成的破坏在距煤层 24.4m 高度处贯通。在采 30m 留 30m 和采 20m 留 20m 方案中，煤层覆岩导水裂隙带发育高度分别为 9.6m 和 7.1m，呈“拱形”破坏。

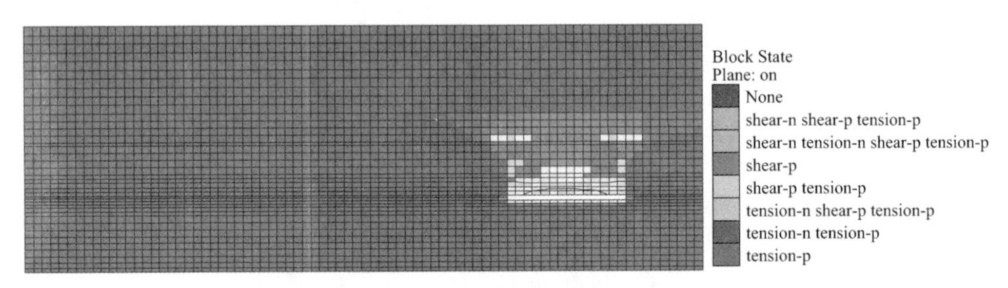

(a) 第一个工作面开采完毕

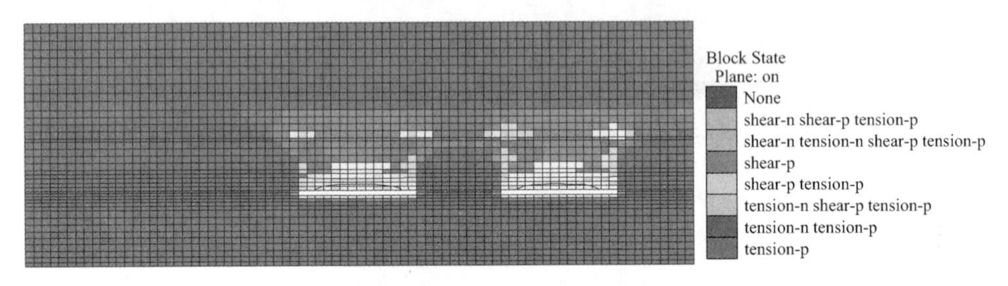

(b) 第二个工作面开采完毕

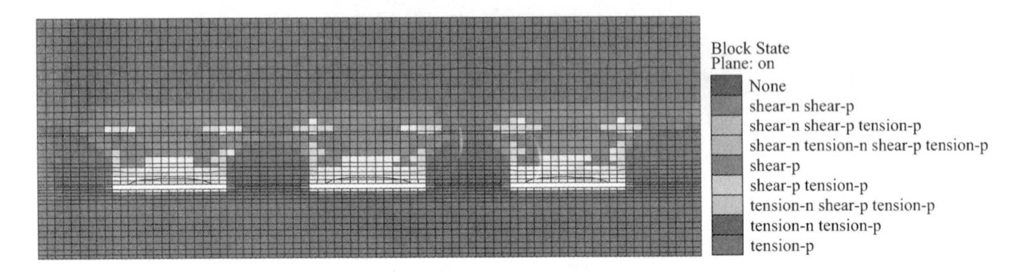

(c) 第三个工作面开采完毕

图 6.21　采 70m 留 50m 情况下导水裂隙带发育高度（y=200m）

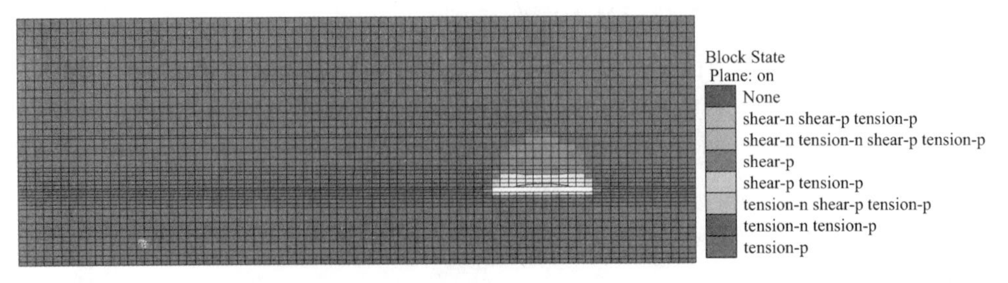

(a) 第一个工作面开采完毕

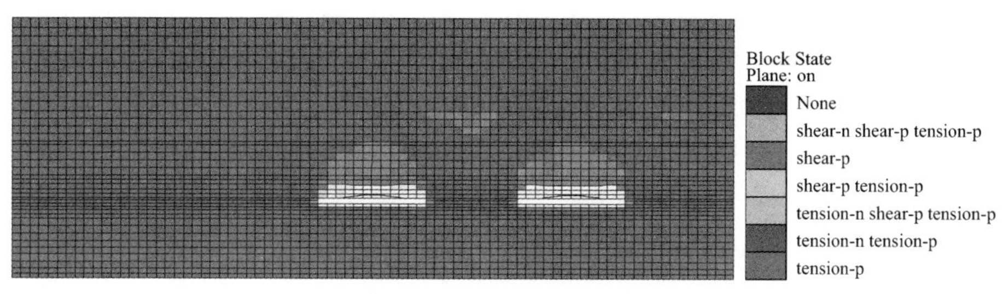

(b) 第二个工作面开采完毕

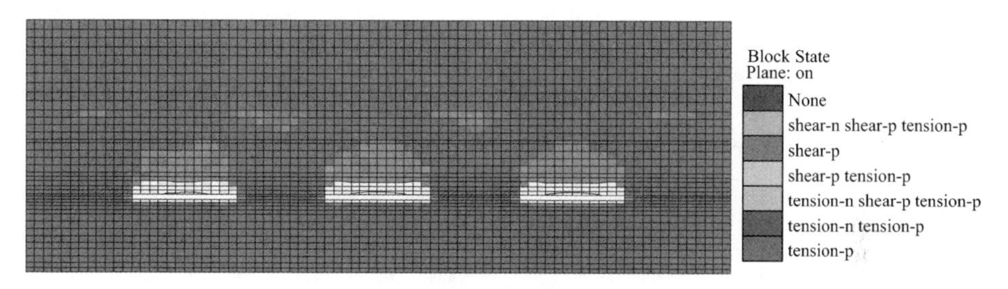

(c) 第三个工作面开采完毕

图 6.22 采 60m 留 50m 情况下导水裂隙带发育高度（$y=200$m）

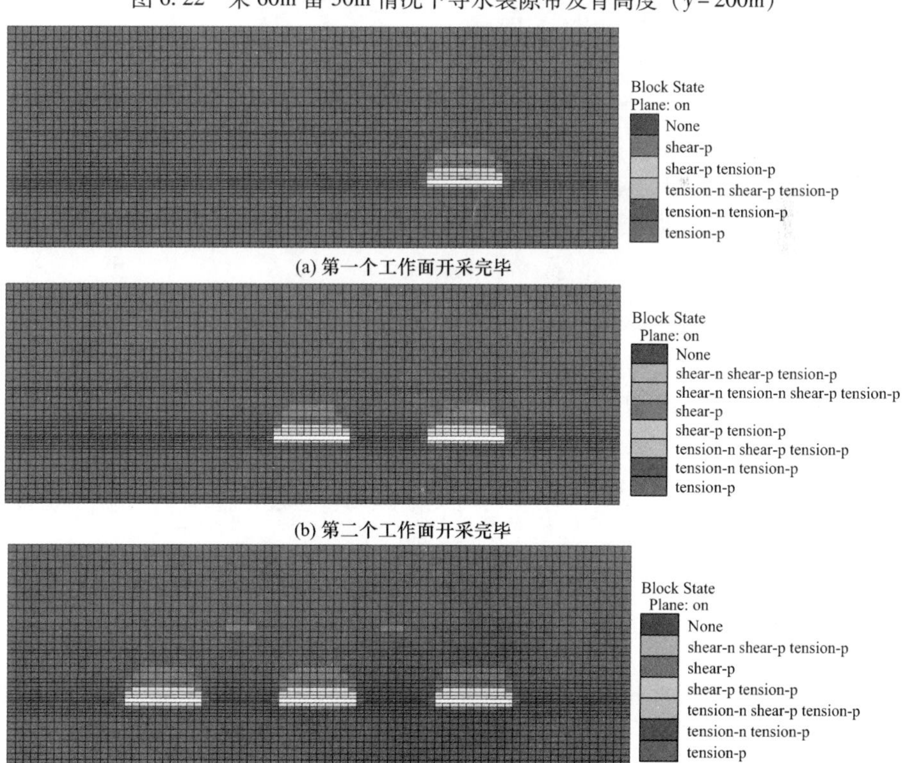

(a) 第一个工作面开采完毕

(b) 第二个工作面开采完毕

(c) 第三个工作面开采完毕

图 6.23 采 50m 留 50m 情况下导水裂隙带发育高度（$y=200$m）

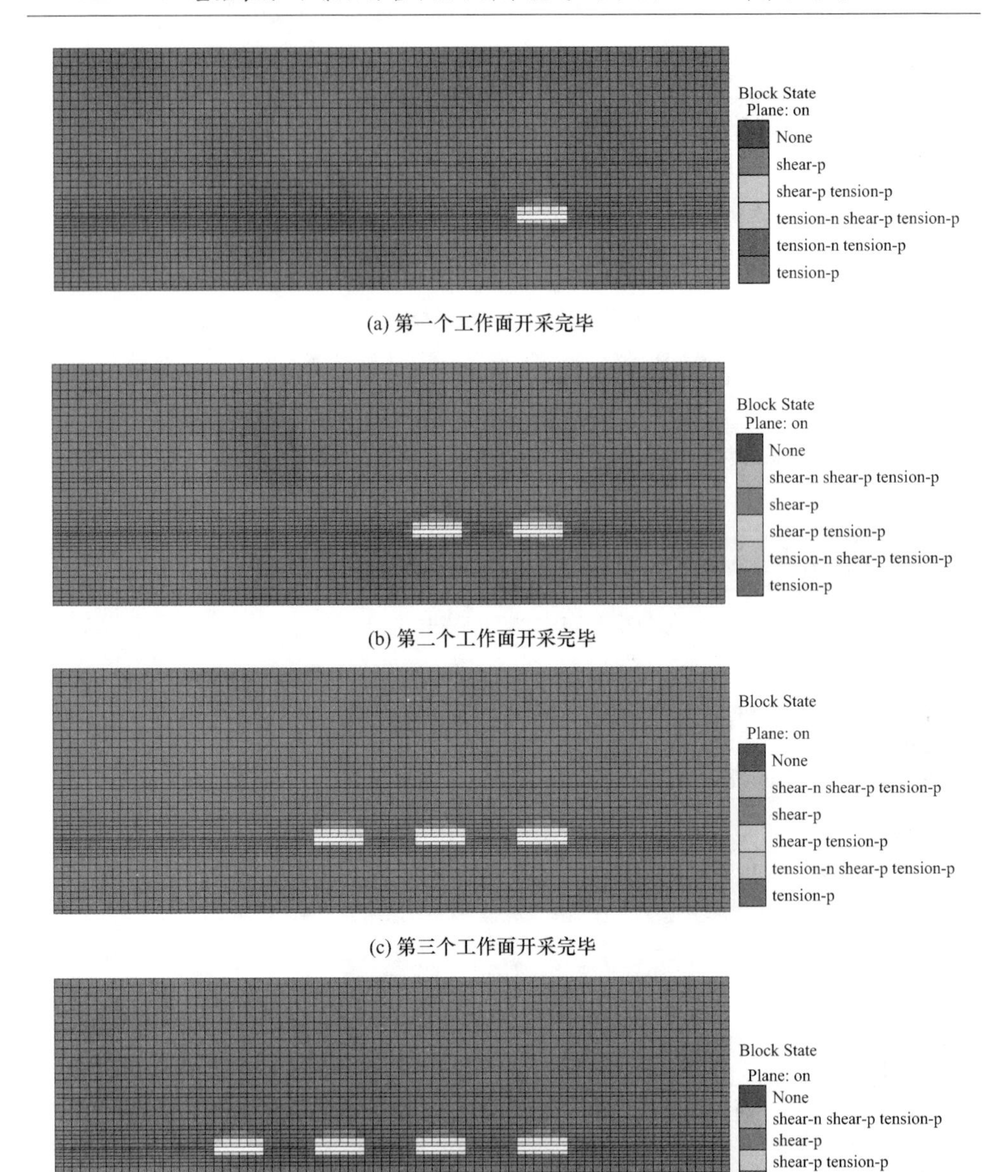

(a) 第一个工作面开采完毕

(b) 第二个工作面开采完毕

(c) 第三个工作面开采完毕

(d) 第四个工作面开采完毕

图 6.24 采 30m 留 30m 情况下导水裂隙带发育高度（y=200m）

B 导水裂隙带高度与采宽之间的关系

不同开采方案下导水裂隙带高度与采宽之间的关系如图 6.26 所示，两者之间关系为 $H_{li}=0.01995x^2-1.08809x+24.36$（$H_{li}$为导水裂隙带发育高度，m；$x$ 为条带开采采宽（$25 \leqslant x \leqslant 70$），m）。

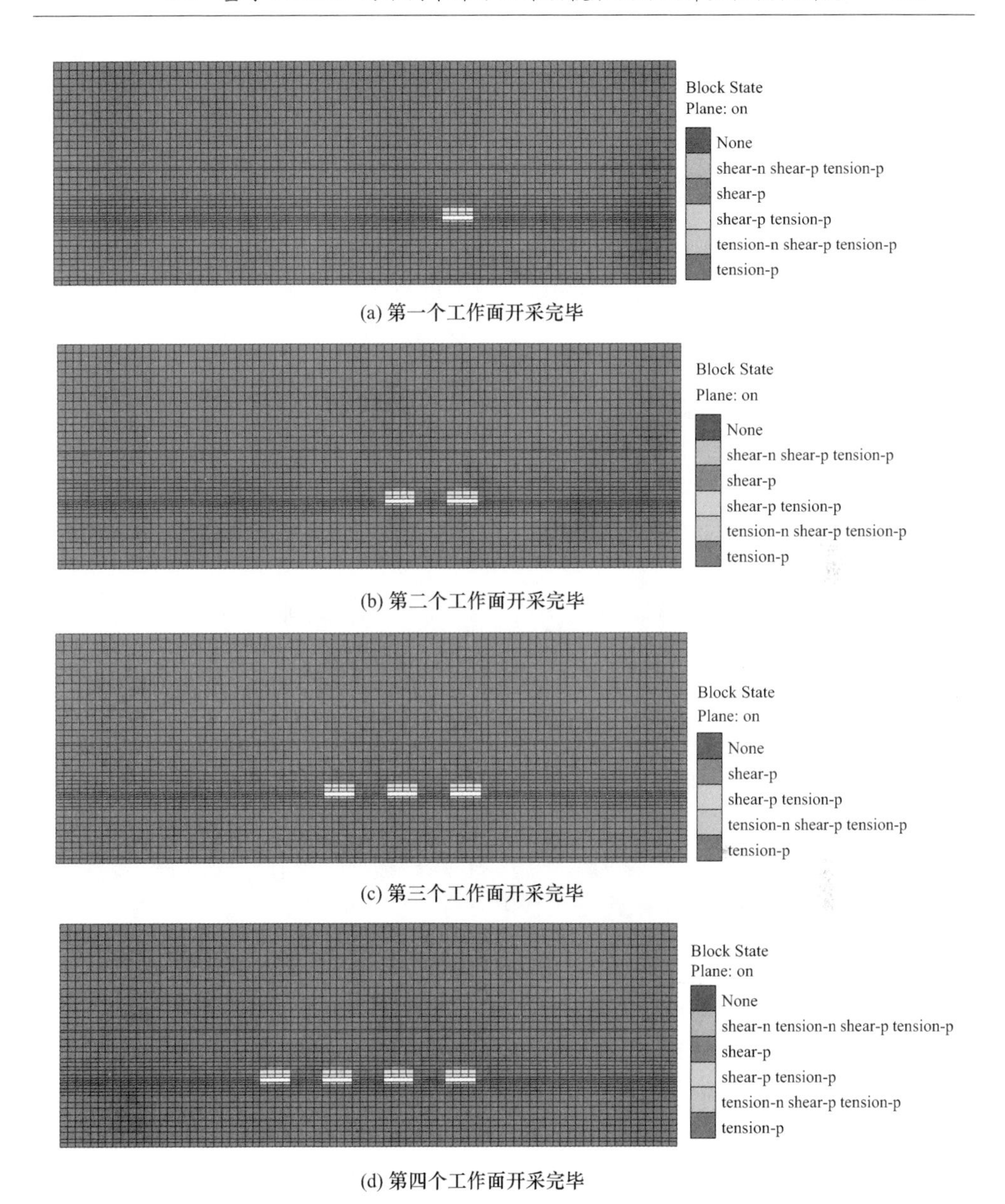

(a) 第一个工作面开采完毕

(b) 第二个工作面开采完毕

(c) 第三个工作面开采完毕

(d) 第四个工作面开采完毕

图 6.25 采 20m 留 20m 情况下导水裂隙带发育高度（$y=200$m）

当采用窄条带（$10\leqslant x\leqslant25$）开采时，导水裂隙带为 7.1m，即只有直接顶垮落带；当采用极窄条带（$5\leqslant x\leqslant10$）开采时，顶板形成类似“梁”的结构，直接顶可以暂时稳定几天，之后同窄条带类似形成垮落带。这种情况下是根据理论分析和已有的现场实践经验得出的，在第 5 章中基于“简支梁”和“固支梁”模型分析了其力学机理。

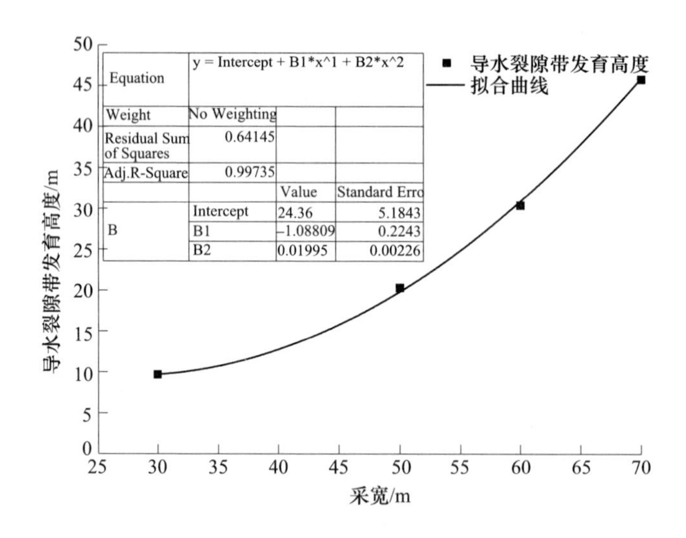

图 6.26　导水裂隙带发育高度与条带开采采宽之间的关系

C　条带开采覆岩破坏结构

窄条带开采时覆岩破坏规律是工作面上方的直接顶垮落，而基本顶作为支托层控制上覆岩层变形和下沉运动，支托层以悬臂梁形式处于悬空状态（图 6.27），此种破坏结构为垮落型破坏；但是，当采宽过大时，支托层的梁结构断裂失稳（图 6.28），此种破坏结构为支托层断裂型破坏。因此，薄基岩区采用条带开采实现保水采煤的前提条件是顶板上方有一定厚度的硬岩层作为支托层，且跨度不致于断裂失稳。在煤柱受压缩变形过程中，支托层可控制上覆岩层稳定缓慢下沉，这种缓慢的运动使地表下沉量很小，下沉运动结束后地表出现较为平缓的下沉盆地，不致于形成波浪形或台阶状下沉。

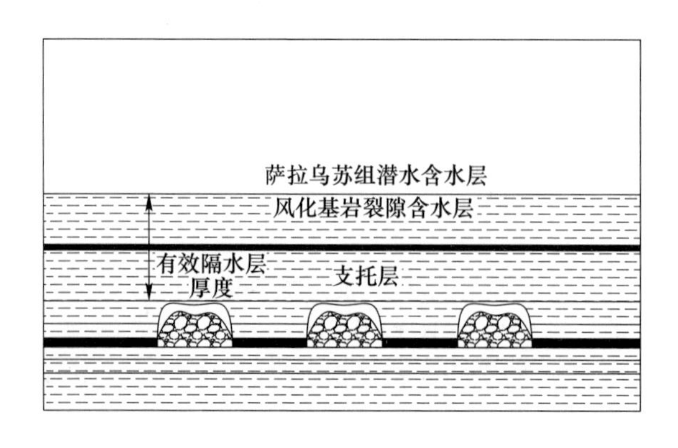

图 6.27　窄条带开采覆岩破坏结构

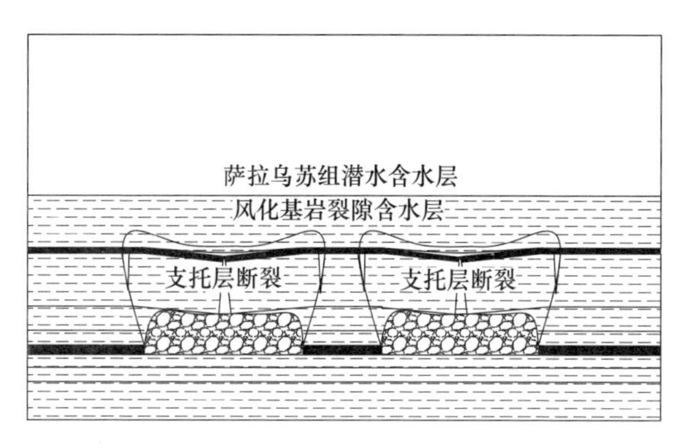

图 6.28 宽条带开采覆岩破坏结构

D 条带开采垂直应力分布规律

图 6.29~图 6.32 为采 70m 留 50m、采 50m 留 50m、采 30m 留 30m 及采 20m 留 20m 方案下工作面倾向垂直应力的分布规律。可以看出，条带开采时直接顶垮落后形成应力拱，两侧煤体上同样形成应力集中区，支撑压力峰值为原岩应力的 1.5~2 倍。采空区上方为卸荷区，随着采宽的减小，工作面采动应力对上覆岩层的影响范围降低。当采用宽条带开采时，随着覆岩破坏，应力拱遭到破坏，当采用窄条带开采时，应力拱能有效支撑上覆岩层的重量。

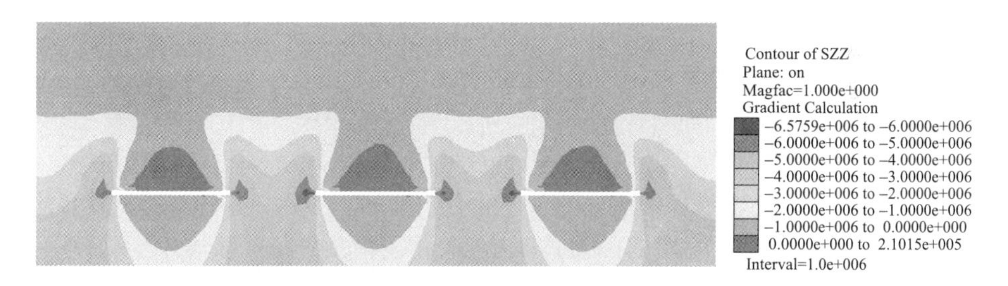

图 6.29 采 70m 留 50m 方案垂直应力分布规律（y=200m）

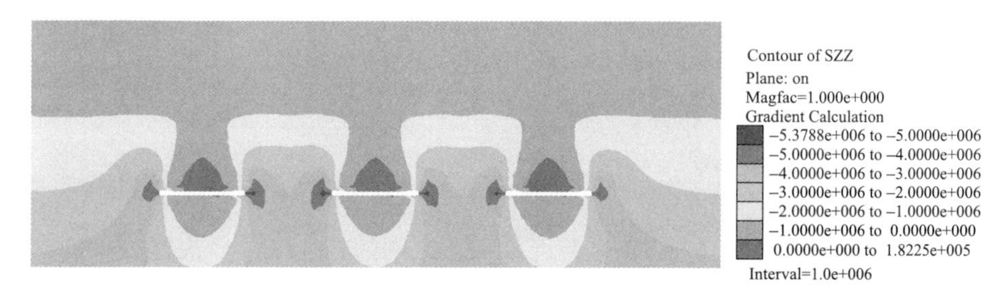

图 6.30 采 50m 留 50m 方案垂直应力分布规律（y=200m）

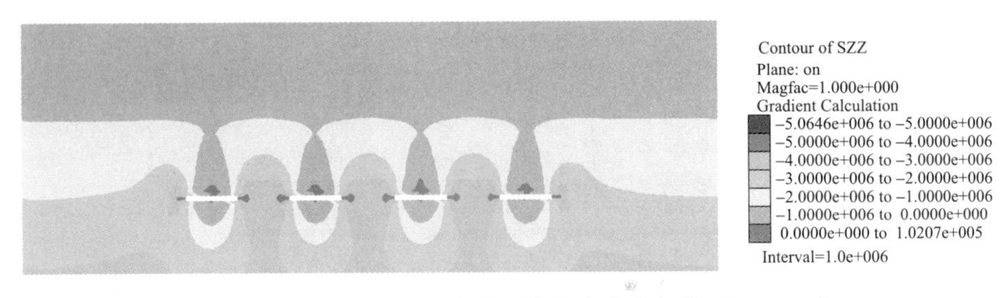

图 6.31　采 30m 留 30m 方案垂直应力分布规律（y=200m）

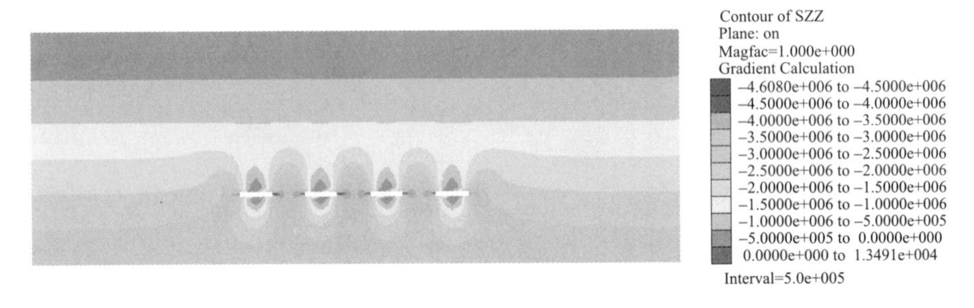

图 6.32　采 20m 留 20m 方案垂直应力分布规律（y=200m）

因此，在制定条带开采方案时，应注意采留宽的合理设计。在薄基岩区采用“天然水文地质条件+短壁机械化开采”模式时，不适合采用宽条带。窄条带或者极窄条带可有效控制覆岩变形和破坏，有助于实现顶板水害威胁下“煤-水”双资源型矿井开采，但应注意具体地质条件具体分析，因地制宜，合理设计采留宽。

6.5.5.4　充填开采覆岩导水裂隙带发育规律

A　充填开采导水裂隙带发育高度

为了研究固体充填法采煤覆岩移动的变化特征，相关学者建立了等价采高理论用来分析固体充填开采煤层上覆岩层运动规律和破坏特征，其表达式为：

$$H_z = h_z + h_q + k(M - h_z) \tag{6.6}$$

式中　H_z——等价采高；

h_z——欠接顶量；

h_q——顶板提前下沉量；

M——煤层开采高度；

k——充填体压缩率。

顶板的提前下沉量由采煤工艺与充填工艺之间的作业工序所决定，采后立即充填，以缩短悬顶的距离是减小提前下沉量的有效措施；欠接顶量则由充填方法与充填设备决定，充实率（充填体高度与煤层开采高度之比）是表示欠接顶量的基本参数；而充填体的压缩量则由充填材料本身的力学性质决定，弹性模量是衡量充填体在压力作用下变形特征的指标。众多学者研究了不同充实率条件下覆岩运动规律，而对充填体压缩率对覆岩运动和破坏的影响则关注较少。因此，本节通过建立不同的充填体弹性模量数值模型，对不同压缩率下煤层覆岩导水裂隙带的发育规律进行研究，可用以指导充填材料的选择与配置。

图6.33所示为不同充填体弹性模量下煤层覆岩导水裂隙带的发育高度。当充填体弹性模量为0.05GPa、0.1GPa、0.2GPa、0.4GPa时，煤层覆岩导水裂隙

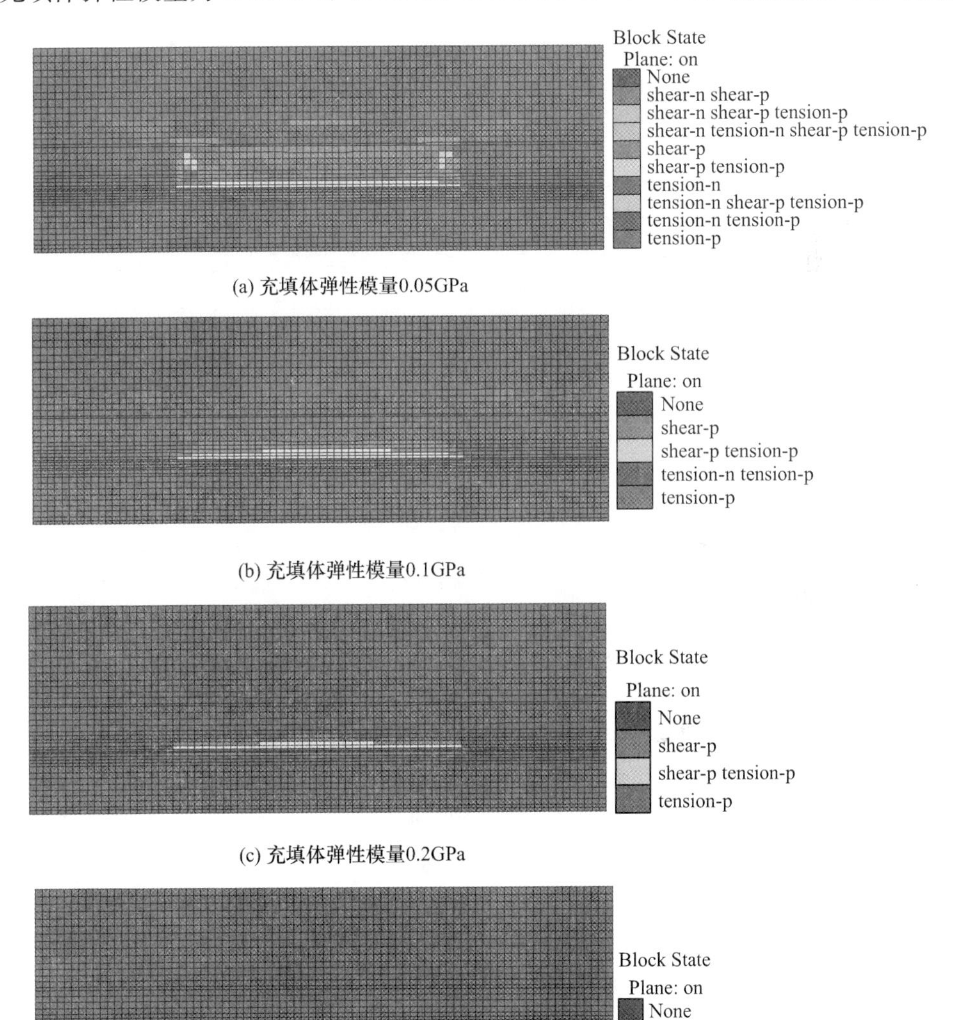

(a) 充填体弹性模量0.05GPa

(b) 充填体弹性模量0.1GPa

(c) 充填体弹性模量0.2GPa

(d) 充填体弹性模量0.4GPa

图6.33 不同充填体弹性模量条件下覆岩导水裂隙带发育高度（y=200m）

带发育高度最大值分别为 34.4m、16.2m、9.6m、7.1m。当采厚和工作面尺寸一定时，充填体弹性模量越大，矿山压力显现越弱，覆岩破坏范围越小。

B　导水裂隙带高度与充填体弹性模量关系

由图 6.34 可以看出，充填开采的实质是充填体的填入及压实过程相当于降低了煤层采厚，减小了采空区顶板的下沉空间，从而降低了导水裂隙带的高度。随着充填体弹性模量的增加，导水裂隙带发育高度有明显降低的趋势，当充填体弹性模量增大到一定程度后，导水裂隙带发育高度趋于稳定，两者关系为：

$$H_{li} = 4.629E_{f}^{-0.5025} \tag{6.7}$$

式中　H_{li}——导水裂隙带发育高度，m；

E_{f}——充填体弹性模量，GPa。

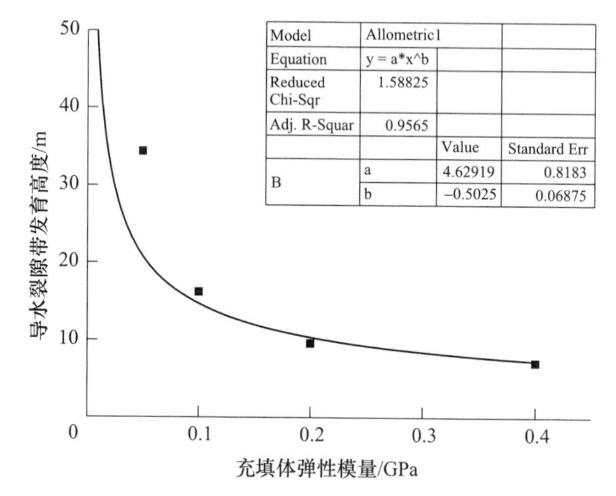

Model	Allometric1	
Equation	y = a*x^b	
Reduced Chi-Sqr	1.58825	
Adj. R-Squar	0.9565	
		Value	Standard Err
B	a	4.62919	0.8183
	b	−0.5025	0.06875

图 6.34　导水裂隙带发育高度与充填体弹性模量关系（弹性模量为 0，表示非充填开采）

C　充填开采覆岩破坏结构

充填开采时采空区覆岩只产生开裂破坏，不存在垮落带，即不存在传统的“上三带”，只有裂隙带和弯曲下沉带，上覆岩层破坏结构如图 6.35 所示。

充填开采煤层上覆岩层中也存在两种类型的裂隙，即上行裂隙和下行裂隙，且均是因为覆岩下沉过程中拉应力超过岩层最大抗拉强度产生的。工作面推进到一定距离后，上部的直罗组中粒砂岩因风化松散而强度较低产生下行裂隙，但下行裂隙很快停止，且能够自行弥合，不会与上行裂隙贯通，中间仍有足够的有效隔水层，进而避免了采动裂隙波及含水层。张吉雄等通过建立综合机械化充填开采工作面上覆岩层的关键层力学模型，认为当增大充填材料弹性模量时，关键层挠度减小[167]。他们通过数值模拟得出，当增加充填体的弹性模量时，关键层的变形得到控制，使得下行裂隙消失。因此，充填开采能起到控制覆岩运动、抑制覆岩变形和破坏的作用，“天然水文地质条件+充填开采”模式对涌水溃砂灾害可起到预防作用，可实现顶板水害威胁下“煤-水”双资源型矿井开采。

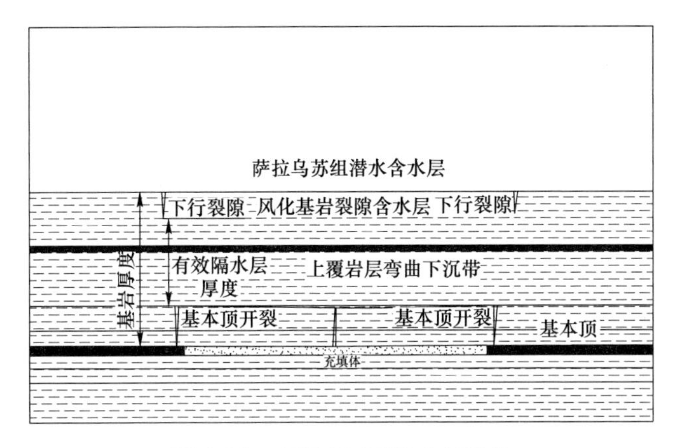

图 6.35 充填开采覆岩破坏结构

6.6 本章小结

（1）煤层埋藏浅、基岩薄、顶板上覆有富水性较强的松散孔隙水或有烧变岩强富水区，是陕北侏罗纪煤田易发生顶板溃水溃砂事故的主要条件。根据钻孔柱状图，建立了溃水危险区和溃水溃砂危险区煤层—隔水层—含水层赋存关系。在新近系保德组红土与第四系离石组黄土缺失的薄基岩区，根据基岩厚度和导水裂隙带发育高度，分析了煤层与含水层之间的岩（土）层的隔水性受采动影响后的控水控砂能力。

（2）本章以陕北侏罗纪煤田典型的锦界矿薄基岩区开采为工程背景，提出了“超前疏干+井下洁污水分流分排+多位一体优化结合+长壁综采/综放开采”模式、“人工干预水文地质条件+超前疏干+井下洁污水分流分排+多位一体优化结合+长壁综采/综放开采”模式、“天然水文地质条件+短壁机械化开采”模式、“天然水文地质条件+充填开采”模式，并分析了不同模式的可行性。

（3）研究区域导水裂隙带高度与条带开采采宽两者之间关系为 $H_{li}=0.01995x^2-1.08809x+24.36$，$H_{li}$为导水裂隙带发育高度，m；$x$ 为条带开采采宽（$25\leqslant x\leqslant 70$），m。当采用窄条带（$10<x<25$）开采时，导水裂隙带为 7.1m，即只有直接顶垮落带；当采用极窄条带（$5\leqslant x\leqslant 10$）开采时，顶板形成类似“梁”的结构，直接顶可以暂时稳定几天，之后同窄条带类似形成垮落带。

（4）当充填体弹性模量为 0.05GPa、0.1GPa、0.2GPa、0.4GPa 时，导水裂隙带发育高度最大值分别为 34.4m、16.2m、9.6m、7.1m，当充填体弹性模量增大到一定程度后，导水裂隙带发育高度趋于稳定，两者关系为：$H_{li}=E_f^{-0.5025}$（H_{li} 为导水裂隙带发育高度，m；E_f 为充填体弹性模量，GPa）。充填开采煤层上覆岩层中存在两种类型的裂隙，即上行裂隙和下行裂隙，且均是因为覆岩下沉过程中拉应力超过岩层最大抗拉强度产生的。

7 结论与展望

7.1 结论

本书提出了“煤-水”双资源型矿井开采模式的概念与内涵，根据矿井主采煤层的具体充水水文地质条件，优化开采方法和参数工艺、多位一体优化结合、井下洁污水分流分排、人工干预水文地质条件、充填开采等“煤-水”双资源型矿井开采的技术与方法，并将这些开采技术、防治方法和工程措施升华到具有理论性指导作用的模式和配套技术，以适应顶板水害威胁下“煤-水”双资源型矿井开采的要求。主要成果如下：

（1）分析了煤层上覆岩层采动破坏的分带特征和空间形态，探讨了影响导水裂隙带发育高度的地质因素、采动因素及时间因素。以采厚、覆岩岩性作为主控因素，根据统计的32个样本数据，基于RBF神经网络建立了综放开采覆岩导水裂隙带发育高度预计模型。结果表明，7个测试样本预测值与真实值非常接近，平均相对误差6%，最大相对误差为10%。因此，基于RBF神经网络模型能够准确预测综放开采工作面覆岩导水裂隙带的发育高度。

（2）基于含水层性质构建了8种顶板水害威胁下“煤-水”双资源型矿井开采模式，即“留设安全煤岩柱+长壁综采/综放开采”模式、“留设安全煤岩柱+限高开采/分层间歇开采”模式、“边采边疏+井下洁污水分流分排+矿井水分级分质利用+长壁综采/综放开采”模式、“超前疏干+井下洁污水分流分排+多位一体优化结合+长壁综采/综放开采”模式、“人工干预水文地质条件+长壁综采/综放开采”模式、“人工干预水文地质条件+超前疏干+井下洁污水分流分排+多位一体优化结合+长壁综采/综放开采”模式、“天然水文地质条件+短壁机械化开采”模式、“天然水文地质条件+充填开采”模式。

（3）基于完全成本理论和系统论观点，当高效率但低效益的长壁大采高采煤法无法保障控水采煤时，将其优化为高效益短壁机械化采煤法（如短壁、条带、房式/房柱式等采煤法）或限高开采或分层间歇开采，在某些地质条件下又能焕发出新的生命力，不失为一种好的方法。

（4）以兴源矿四采区薄基岩区为工程背景，分析了薄基岩区新生界松散层底部含水层特征，基于可拓物元模型确定了底部含水层富水性等级，进而确定了第四系松散层底部砂砾石含水层的允许采动程度。首先，提出了采用帷幕注浆工程人工干预水文地质条件的方案，通过分析得出该模式在技术上是一个可行的方案。其次，提出了“天然水文地质条件+短壁机械化开采”模式，并对该模式的基础理论进行了研究，即采用房式短壁机械化采煤法解放薄基岩区6煤呆滞资源，实现“煤-水”双资源型矿井开采，主要研究了煤房的合理安全跨度、煤柱稳定性及顶板覆岩破坏规律及煤柱的合理尺寸，研究结果如下：

1）根据井田内第四系下部含水层的水流方向，可采用“人工干预水文地质条件+超前疏干+井下洁污水分流分排+多位一体优化结合+长壁综采/综放开采”模式，即在井田西北边界实施帷幕注浆，预先截取地下水的补给，然后再将薄基岩区有限的静储量疏干，采用三位一体优化结合模型对矿井水综合利用，最后采用长壁综采。

2）根据简支梁和固支梁两种计算结果，仅从煤房角度考虑，可得薄基岩区煤房顶板的安全极限跨度为6.67m。

3）受开采活动影响，煤柱上的应力重新分布，在支撑压力作用下，煤柱边缘出现塑性区逐渐屈服，煤柱单侧屈服区宽度为2.2~2.6m。若煤柱宽度小于等于双侧屈服区宽度，则待下一个煤房开采后，屈服区将贯通整个煤柱，煤柱整体处于塑性状态。煤柱塑性区的垂直应力随着与采掘空间之间距离的增加而增加，到达煤柱中心时达到峰值，煤柱呈“拱形”应力状态。

4）由于压力拱的存在，煤柱所受的力不是上覆岩层到地表的全部重量，而是压力拱下方的岩体重量。

5）提出了煤柱稳定性评价体系，包括煤柱屈服区宽度和煤柱宽度要匹配，避免临界煤柱的出现，否则会导致煤柱高应力集中，引起煤柱突然失稳破坏，不利于扩大压力拱的形成；覆岩中存在主关键层，上覆岩层在变形过程中能够产生离层，进而形成所需要的稳定压力拱，压力拱支撑拱上方的覆岩重量；屈服煤柱具有足够的强度支撑压力拱下方的覆岩重量，压力拱应为整个区段回采完之后形成的最大稳定压力拱。

6）若采用“天然水文地质条件+短壁机械化开采”模式，则采5留4、采5留5、采6留5等方案具有可靠的安全系数。

（5）以陕北侏罗纪煤田典型的锦界矿薄基岩区开采为工程背景，提出了不同开采模式的可行性。以河则沟区域为工程地质条件，建立了FLAC3D数值模型，研究了不同采煤方法的覆岩破坏高度与地表移动变形规律。结果表明：

1）煤层埋藏浅、基岩薄、顶板上覆有富水性较强的松散孔隙水或有烧变岩强富水区，是陕北侏罗纪煤田易发生顶板溃水溃砂事故的主要条件。根据钻孔柱状图，建立了溃水危险区和溃水溃砂危险区煤层-隔水层-含水层赋存关系。在新近系保德组与第四系离石组隔水层缺失的薄基岩区，根据基岩厚度和导水裂隙带发育高度，分析了煤层与含水层之间的岩（土）层的隔水性受采动影响后的控水控砂能力。

2）提出了“超前疏干+井下洁污水分流分排+多位一体优化结合+长壁综采/综放开采”模式、“人工干预水文地质条件+超前疏干+井下洁污水分流分排+多位一体优化结合+长壁综采/综放开采”模式、“天然水文地质条件+短壁机械化开采”模式、“天然水文地质条件+充填开采”模式，并分析了不同模式的可行性。

3）研究区域导水裂隙带高度与条带开采采宽之间关系为 $H_{li}=0.01995x^2-1.08809x+24.36$，$H_{li}$为导水裂隙带发育高度，m；$x$ 为条带开采采宽（$25\leqslant x\leqslant 70$），m。当采用窄条带（$10<x<25$）开采时，导水裂隙带为7.1m，即只有直接顶垮落带；当采用极窄条带（$5\leqslant x\leqslant 10$）开采时，顶板形成类似“梁”的结构，直接顶可以暂时稳定几天，之后同窄条带类似形成垮落带。

4）当充填体弹性模量为0.05GPa、0.1GPa、0.2GPa、0.4GPa时，煤层覆岩导水裂隙带发育高度最大值分别为34.4m、16.2m、9.6m、7.1m。当充填体弹性模量增大到一定程度后，导水裂隙带发育高度趋于稳定，两者关系为：$H_{li}=E_f^{-0.5025}$（H_{li}为导水裂隙带发育高度，m；E_f 为充填体弹性模量，GPa）。充填开采煤层上覆岩层中也存在两种类型的裂隙，即上行裂隙和下行裂隙，且均是因为覆岩下沉过程中拉应力超过岩层最大抗拉强度产生的。充填开采能起到控制覆岩运动、抑制覆岩变形和破坏的作用，阻止了涌水溃砂灾害的发生。

7.2　展望

顶板水害威胁下“煤-水”双资源型矿井开采模式还需要不断完善与优化，根据不同的水害类型、水体威胁程度、保水采煤程度，应具体条件具体分析，因地制宜，选择合适的模式。同时，我国防治水技术与采煤方法也在不断发展，在积极引进新方法、新理论的基础上，还要注重对矿井地质条件和水文地质条件深入分析，力争从理论上解决排水-供水-生态环保尖锐矛盾和冲突。

“煤-水”双资源型矿井开采应在水文地质条件勘探与富水性评价、矿井涌水量预测、矿井涌（突）水危险性评价结果的基础上，以水害防治与水资源保护为原则，根据主采煤层具体的充水水文地质条件，选择安全上可靠、技术上可行、经济上合理的模式。基于“煤-水”双资源型矿井开采模式，实现煤矿区防水、治水、疏水、排水、供水统筹规划，能杜绝水资源的浪费和污染、解决矿区供水匮乏、改善矿区生态环境，实现经济效益、社会效益和环境效益的多赢。

参考文献

[1] 谢和平，王金华，申宝宏，等．煤炭开采新理念——科学开采与科学产能［J］．煤炭学报，2012，37（7）：1069-1079.

[2] 武强，董书宁，张志龙．矿井水害防治［M］．徐州：中国矿业大学出版社，2007.

[3] 武强，崔芳鹏，赵苏启，等．矿井水害类型划分及主要特征分析［J］．煤炭学报，2013，38（4）：561-565.

[4] 国家安全生产监督管理总局，国家煤矿安全监察局．煤矿防治水细则［S］．北京：煤炭工业出版社，2018.

[5] 武强，赵苏启，李竞生，等．《煤矿防治水规定》编制背景与要点［J］．煤炭学报，2011，36（1）：70-74.

[6] 武强，赵苏启，孙文洁，等．中国煤矿水文地质类型划分与特征分析［J］．煤炭学报，2013，38（6）：901-905.

[7] 张英环．澳大利亚悉尼煤田水体下采煤的可能性［J］．矿山测量，1975（1）：30，62-67.

[8] Singh R N，Atkins A S. Design considerations for mine workings under accumulations of water［J］. Mine Water and the Environment，1982，1（4）：35-56.

[9] 刘天泉，白矛，鲍海印．澳大利亚海下采煤经验［J］．矿山测量，1982（3）：49-52.

[10] Dumpleton S. Effects of longwall mining in the Selby Coalfield on the piezometry and aquifer properties of the overlying Sherwood Sandstone［J］. Geological Society，London，Special Publications，2002，198（1）：75-88.

[11] Gandhe A，Venkateswarlu V，Gupta R N. Extraction of coal under a surface water body-a strata control investigation［J］. Rock Mechanics and Rock Engineering，2005，38（5）：399-410.

[12] Singh K K K. MineVue radar for delineation of coal barrier thickness in underground coal mines：case studies［J］. Journal of the Geological Society of India，2015，85（2）：247-253.

[13] Tokgoz M，Yilmaz K K，Yazicigil H. Optimal aquifer dewatering schemes for excavation of collector line［J］. Journal of Water Resources Planning & Management，2002，128（4）：248-261.

[14] Singh R N，Atkins A S. Application of idealised analytical techniques for prediction of mine water inflow［J］. Mining Science and Technology，1985，2（2）：131-138.

[15] Brunetti E，Jones J P，Petitta M，et al. Assessing the impact of large-scale dewatering on fault-controlled aquifer systems：A case study in the Acque Albule basin（Tivoli，central Italy）［J］. Hydrogeology Journal，2013，21（2）：401-423.

[16] Howladar M F. Coal mining impacts on water environs around the Barapukuria coal mining area，Dinajpur，Bangladesh［J］. Environmental Earth Sciences，2013，70（1）：215-226.

[17] Lovell H L. Coal Mine drainage in the united states-an overview［J］. Water Science & Technology，1983，15（2）：1-25.

[18] Booth C J. Groundwater as an environmental constraint of longwall coal mining［J］. Environmental Geology，2006，49（6）：796-803.

[19] Morton K L，Mekerk F A V. A phased approach to mine dewatering［J］. Mine Water and the Environment，1993，12（1）：27-33.

［20］ Masarczyk J，Hansson C H，Solomon R，et al. Advances mine drainage water treatment，engineering for zero discharge ［J］. Desalination，1989，75（1-3）：259-287.

［21］ Umita T. Biological mine drainage treatment ［J］. Resources Conservation & Recycling，1996，16（1）：179-188.

［22］ Demers I，Bouda M，Mbonimpa M，et al. Valorization of acid mine drainage treatment sludge as remediation component to control acid generation from mine wastes，part 2：Field experimentation ［J］. Minerals Engineering，2015，76（1）：117-125.

［23］ Olds W E，Weber P A，Pizey M H，et al. Acid mine drainage analysis for the Reddale Coal Mine，Reefton，New Zealand ［J］. New Zealand Journal of Geology and Geophysics，2016（2）：1-11.

［24］ Bejan D，Bunce N J. Acid mine drainage：Electrochemical approaches to prevention and remediation of acidity and toxic metals ［J］. Journal of Applied Electrochemistry，2015，45（12）：1239-1254.

［25］ Kastyuchik A，Karam A，Aider M. Effectiveness of alkaline amendments in acid mine drainage remediation ［J］. Environmental Technology & Innovation，2016，6：49-59.

［26］ Jones S N，Cetin B. Evaluation of waste materials for acid mine drainage remediation ［J］. Fuel，2017，188：294-309.

［27］ 刘天泉．煤矿地表移动与覆岩破坏规律及其应用［M］. 北京：煤炭工业出版社，1981.

［28］ 刘天泉．矿山岩体采动影响与控制工程学及其应用［J］. 煤炭学报，1995（1）：1-5.

［29］ 国家安全监管总局，国家煤矿安监局，国家能源局，国家铁路局．建筑物、水体、铁路及主要井巷煤柱留设与压煤开采规范［S］. 北京：煤炭工业出版社，2017.

［30］ 宋振骐．实用矿山压力理论［M］. 徐州：中国矿业大学出版社，1988.

［31］ 彭林军，赵晓东，宋振骐，等．煤矿顶板透水事故预测与控制技术［J］. 西安科技大学学报，2009，29（2）：140-143，153.

［32］ 钱鸣高，石平五，许家林．矿山压力与岩层控制［M］. 徐州：中国矿业大学出版社，2010.

［33］ 钱鸣高，缪协兴，许家林．岩层控制中的关键层理论［J］. 煤炭学报，1996，21（3）：225-230.

［34］ 许家林，王晓振，刘文涛，等．覆岩主关键层位置对导水裂隙带高度的影响［J］. 岩石力学与工程学报，2009，28（2）：380-385.

［35］ 王连国，王占盛，黄继辉，等．薄基岩厚风积沙浅埋煤层导水裂隙带高度预计［J］. 采矿与安全工程学报，2012，29（5）：607-612.

［36］ 石平五，侯忠杰．神府浅埋煤层顶板破断运动规律［J］. 西安矿业学院学报，1996，16（3）：203-207.

［37］ 侯忠杰．浅埋煤层关键层研究［J］. 煤炭学报，1999，24（4）：359-363.

［38］ 许家林，朱卫兵，王晓振，等．浅埋煤层覆岩关键层结构分类［J］. 煤炭学报，2009，34（7）：865-890.

［39］ 贾明魁．薄基岩突水威胁煤层开采覆岩变形破坏演化规律研究［J］. 采矿与安全工程学报，2012，29（2）：168-172.

[40] 方新秋，黄汉富，金桃，等. 厚表土薄基岩煤层开采覆岩运动规律 [J]. 岩石力学与工程学报，2008，27（S1）：2700-2706.

[41] 黄庆享. 浅埋煤层的矿压特征与浅埋煤层定义 [J]. 岩石力学与工程学报，2002，21（8）：1174-1177.

[42] 宣以琼. 薄基岩浅埋煤层覆岩破坏移动演化规律研究 [J]. 岩土力学，2008，29（2）：512-516.

[43] 李振华，丁鑫品，程志恒. 薄基岩煤层覆岩裂隙演化的分形特征研究 [J]. 采矿与安全工程学报，2010，27（4）：576-580.

[44] 张通，袁亮，赵毅鑫，等. 薄基岩厚松散层深部采场裂隙带几何特征及矿压分布的工作面效应 [J]. 煤炭学报，2015，40（10）：2260-2268.

[45] 范钢伟，张东升，马立强. 神东矿区浅埋煤层开采覆岩移动与裂隙分布特征 [J]. 中国矿业大学学报，2011，40（2）：196-201.

[46] 薛东杰，周宏伟，任伟光，等. 浅埋深薄基岩煤层组开采采动裂隙演化及台阶式切落形成机制 [J]. 煤炭学报，2015，40（8）：1746-1752.

[47] 高召宁，应治中，王辉. 厚风积沙薄基岩浅埋煤层保水开采研究 [J]. 水文地质工程地质，2015，42（4）：108-120.

[48] 黄庆享，蔚保宁，张文忠. 浅埋煤层黏土隔水层下行裂隙弥合研究 [J]. 采矿与安全工程学报，2010，27（1）：35-39.

[49] 黄庆享. 浅埋煤层保水开采岩层控制研究 [J]. 煤炭学报，2017，42（1）：50-55.

[50] 伍永平，卢明师. 浅埋采场溃沙发生条件分析 [J]. 矿山压力与顶板管理，2004（3）：57-61.

[51] 张杰，侯忠杰. 浅埋煤层开采中的溃沙灾害研究 [J]. 湖南科技大学学报（自然科学版），2005，20（3）：15-18.

[52] 隋旺华，蔡光桃，董青红. 近松散层采煤覆岩采动裂缝水砂突涌临界水力坡度试验 [J]. 岩石力学与工程学报，2007，26（10）：2084-2091.

[53] 隋旺华，梁艳坤，张改玲，等. 采掘中突水溃砂机理研究现状及展望 [J]. 煤炭科学技术，2011，39（11）：5-9.

[54] 许延春，王伯生，尤舜武. 近松散含水层溃砂机理及判据研究 [J]. 西安科技大学学报，2012，32（1）：63-69.

[55] 张玉军，康永华，刘秀娥. 松软砂层含水层下煤矿开采溃砂预测 [J]. 煤炭学报，2006，31（4）：429-432.

[56] 郭惟嘉，王海龙，陈绍杰，等. 采动覆岩涌水溃砂灾害模拟试验系统研制与应用 [J]. 岩石力学与工程学报，2016，35（7）：1415-1422.

[57] 武强，黄晓玲，董东林，等. 评价煤层顶板涌（突）水条件的“三图-双预测法” [J]. 煤炭学报，2000，25（1）：62-67.

[58] 武强，许珂，张维. 再论煤层顶板涌（突）水危险性预测评价的“三图-双预测法” [J]. 煤炭学报，2016，41（6）：1341-1347.

[59] 武强，樊振丽，刘守强，等. 基于 GIS 的信息融合型含水层富水性评价方法——富水性指数法 [J]. 煤炭学报，2011，36（7）：1124-1128.

［60］范立民，马雄德，蒋辉，等．西部生态脆弱矿区矿井突水溃沙危险性分区［J］．煤炭学报，2016，41（3）：531-536.

［61］杨滨滨，隋旺华．近松散含水层下采煤安全性熵值模糊综合评判［J］．煤炭地质与勘探，2012，40（4）：43-51.

［62］王文学，隋旺华，赵庆杰，等．可拓评判方法在厚松散层薄基岩下煤层安全开采分类中的应用［J］．煤炭学报，2012，37（11）：1783-1789.

［63］孟召平，高延法，卢爱红，等．第四系松散含水层下煤层开采突水危险性及防水煤柱确定方法［J］．采矿与安全工程学报，2013，30（1）：23-29.

［64］宁建国，刘学生，谭云亮，等．浅埋砂质泥岩顶板煤层保水开采评价方法研究［J］．采矿与安全工程学报，2015，32（5）：814-820.

［65］王忠昶，赵德深，夏洪春，等．水库下厚煤层综放开采的透水危险性的地质分析［J］．煤炭学报，2013，38（S2）：370-376.

［66］刘伟韬，李加祥，张文泉．顶板涌水等级评价的模糊数学方法［J］．煤炭学报，2001，26（4）：399-403.

［67］郑世燕．河流下采煤技术综述［J］．煤炭科学技术，1993（6）：24-27.

［68］康永华．我国煤矿水体下安全采煤技术的发展及展望［J］．华北科技学院学报，2009，6（4）：19-26.

［69］袁亮，吴侃．淮河堤下采煤的理论研究与技术实践［M］．徐州：中国矿业大学出版社，2003.

［70］刘贵，刘治国，张华兴，等．泾河下综放开采隔离煤柱对覆岩破坏控制作用的物理模拟［J］．岩土力学，2011，32（S1）：433-437.

［71］余学义，王飞龙，赵兵朝．河流下限高协调开采方案［J］．辽宁工程技术大学学报（自然科学版），2014，33（9）：1183-1187.

［72］郭文兵，邵强，尹士献，等．水库下采煤的安全性分析［J］．采矿与安全工程学报，2006，23（3）：324-328.

［73］武雄，于青春，汪小刚，等．地表水体下煤炭资源开采研究［J］．岩石力学与工程学报，2006，25（5）：1029-1036.

［74］孙亚军，徐智敏，董青红．小浪底水库下采煤导水裂隙发育监测与模拟研究［J］．岩石力学与工程学报，2009，28（2）：238-245.

［75］常颖，包政礼．山东胶东半岛煤炭开发战略转移——龙矿集团海域下采煤的实践［J］．煤炭技术，2005，24（12）：1-3.

［76］申宝宏．松散含水层水的治理途径［J］．煤矿开采，1995（2）：26-29.

［77］桂和荣．防水煤岩柱合理留设的应力分析计算法［M］．北京：煤炭工业出版社，1997.

［78］康永华，孔凡铭．巨厚含水砂层下顶水综放开采试验研究［J］．煤炭科学技术，1998，26（9）：17-21.

［79］孙广京，张文泉，张贵彬，等．深厚松散层土体结构特征及综放提限开采分析［J］．安徽理工大学学报（自然科学版），2014，34（4）：10-14.

［80］许光泉，胡友彪，涂敏，等．松散含水体下合理安全煤岩柱高度留设回顾与探讨［J］．煤炭科学技术，2003，31（10）：41-44.

[81] 涂敏，桂和荣，李明好，等．厚松散层及超薄覆岩厚煤层防水煤柱开采试验研究 [J]．岩石力学与工程学报，2004，23（20）：3494-3497.

[82] 董青红，满海英，郭典伟．厚松散层下近风化带保水采煤的 GIS 研究 [J]．中国矿业大学学报，2004，33（2）：190-192.

[83] 许家林，朱卫兵，王晓振．松散承压含水层下采煤突水机理与防治研究 [J]．采矿与安全工程学报，2011，28（3）：333-339.

[84] Chen L W，Zhang S L，Gui H R. Prevention of water and quicksand inrush during extracting contiguous coal seams under the lowermost aquifer in the unconsolidated Cenozoic alluvium—A case study [J]. Arabian Journal of Geosciences，2014，7（6）：2139-2149.

[85] Zhang G B，Zhang W Q，Wang C，et al. Mining thick coal seams under thin bedrock-deformation and failure of overlying strata and alluvium [J]. Geotechnical & Geological Engineering，2016，34（5）：1-11.

[86] 于永幸，肖华强．巨厚松散含水层压煤开采上限研究 [J]．煤矿开采，2008，13（2）：52-54.

[87] 张吉雄，李猛，邓雪杰，等．含水层下矸石充填提高开采上限方法与应用 [J]．采矿与安全工程学报，2014，31（2）：220-225.

[88] 李猛，张吉雄，邓雪杰，等．含水层下固体充填保水开采方法与应用 [J]．煤炭学报，2017，42（1）：127-133.

[89] 武强，赵苏启，董书宁，等．煤矿防治水手册 [M]．北京：煤炭工业出版社，2013.

[90] 武强．我国矿井水防控与资源化利用的研究进展、问题和展望 [J]．煤炭学报，2014，39（5）：795-805.

[91] 靳德武，刘英锋，刘再斌，等．煤矿重大突水灾害防治技术研究新进展 [J]．煤炭科学技术，2013，41（1）：21-29.

[92] 董书宁，靳德武，冯宏．煤矿防治水实用技术及装备 [J]．煤炭科学技术，2008，36（3）：8-11.

[93] 张志龙．矿井水害分类分级评价与立体防治技术体系 [D]．北京：中国矿业大学（北京），2008.

[94] 张志龙，高延法，武强，等．浅谈矿井水害立体防治技术体系 [J]．煤炭学报，2013，38（3）：378-383.

[95] 赵庆彪，高春芳，王铁记．区域超前治理防治水技术 [J]．煤矿开采，2015，20（2）：90-94.

[96] 白峰青，李冲，郝彬彬，等．地方煤矿特大突水治理成套技术探讨 [J]．煤炭工程，2010（8）：51-52.

[97] 武强，李铎，赵苏启，等．郑州矿区排供环保结合和水资源合理分配研究 [J]．中国科学（D 辑），2005，35（9）：891-898.

[98] 武强，董东林，石占华，等．华北型煤田排-供-生态环保三位一体优化结合研究 [J]．中国科学（D 辑），1999，29（6）：567-573.

[99] 武强，王志强，郭周，等．矿井水控制、处理、利用、回灌与生态环保五位一体优化结合研究 [J]．中国煤炭，36（2）：109-112.

［100］白喜庆，沈智慧．峰峰矿区保水采煤对策研究［J］．采矿与安全工程学报，2010，27（3）：389-394.

［101］白海波，茅献彪，姚邦华，等．潞安矿区煤水共采技术研究［J］．岩石力学与工程，2009，28（2）：395-402.

［102］白海波，缪协兴．水资源保护性采煤的研究进展与面临的问题［J］．采矿与安全工程学报，2009，26（3）：253-262.

［103］刘建功，赵利涛．基于充填采煤的保水开采理论与实践应用［J］．煤炭学报，2014，39（8）：1545-1551.

［104］郭文兵，杨达明，谭毅，等．薄基岩厚松散层下充填保水开采安全性分析［J］．煤炭学报，2017，42（1）：106-111.

［105］范立民．论保水采煤问题［J］．煤田地质与勘探，2005，33（5）：50-53.

［106］范立民．生态脆弱区保水采煤研究新进展［J］．辽宁工程技术大学学报（自然科学版），2011，30（5）：667-671.

［107］范立民，马雄德，冀瑞君．西部生态脆弱矿区保水采煤研究与实践进展［J］．煤炭学报，2015，40（8）：1711-1717.

［108］范立民．保水采煤的科学内涵［J］．煤炭学报，2017，42（1）：27-35.

［109］张东升，刘洪林，范钢伟，等．新疆大型煤炭基地科学采矿的内涵与展望［J］．采矿与安全工程学报，2015，32（1）：1-6.

［110］张建民，李全生，南清安，等．西部生态脆弱区现代煤-水仿生共采理念与关键技术［J］．煤炭学报，2017，42（1）：66-72.

［111］侯恩科，童仁剑，冯洁，等．烧变岩富水特征与采动水量损失预计［J］．煤炭学报，2017，42（1）：175-182.

［112］李文平，王启庆，李小琴．隔水层再造——西北保水采煤关键隔水层 N_2 红土工程地质研究［J］．煤炭学报，2017，42（1）：88-97.

［113］李涛，王苏健，韩磊，等．生态脆弱矿区松散含水层下采煤保护土层合理厚度［J］．煤炭学报，2017，42（1）：98-105.

［114］李文平，叶贵钧，张莱，等．陕北榆神府矿区保水采煤工程地质条件研究［J］．煤炭学报，2000，25（5）：449-454.

［115］徐智敏，高尚，崔思源，等．哈密煤田生态脆弱区保水采煤的水文地质基础与实践［J］．煤炭学报，2017，42（1）：80-87.

［116］王双明，黄庆享，范立民，等．生态脆弱矿区含（隔）水层特征及保水开采分区研究［J］．煤炭学报，2010，35（1）：7-14.

［117］张东升，李文平，来兴平，等．我国西北煤炭开采中的水资源保护基础理论研究进展［J］．煤炭学报，2017，42（1）：36-43.

［118］侯忠杰，张杰．砂土基型浅埋煤层保水煤柱稳定性数值模拟［J］．岩石力学与工程学报，2005，24（13）：2255-2259.

［119］孙亚军，张梦飞，高尚，等．典型高强度开采矿区保水采煤关键技术与实践［J］．煤炭学报，2017，42（1）：56-65.

［120］彭小沾，崔希民，李春意，等．陕北浅煤层房柱式保水开采设计与实践［J］．采矿与安

全工程学报，2008，25（3）：301-304.
[121] 吕广罗，田刚军，张勇，等．巨厚砂砾岩含水层下特厚煤层保水开采分区及实践［J］．煤炭学报，2017，42（1）：189-196.
[122] 蒋泽泉，雷少毅，曹虎生，等．沙漠产流区工作面过沟开采保水技术［J］．煤炭学报，2017，42（1）：73-79.
[123] 王悦，夏玉成，杜荣军．陕北某井田保水采煤最大采高探讨［J］．采矿与安全工程学报，2014，31（4）：558-568.
[124] 夏玉成，杜荣军，孙学阳，等．陕北煤田生态潜水保护与矿井水害预防对策［J］．煤炭科学技术，2016，44（8）：39-45.
[125] 刘鹏亮，张华兴，崔锋，等．风积砂似膏体机械化充填保水采煤技术与实践［J］．煤炭学报，2017，42（1）：118-126.
[126] 师本强．陕北浅埋煤层砂土基型矿区保水开采方法研究［J］．采矿与安全工程学报，2011，28（4）：548-552.
[127] 师本强．陕北浅埋煤层矿区保水开采影响因素研究［D］．西安：西安科技大学，2012.
[128] 张东升，马立强．特厚坚硬岩层组下保水采煤技术［J］．采矿与安全工程学报，2006，23（1）：62-65.
[129] 马立强，张东升，刘玉德，等．薄基岩浅埋煤层保水开采技术研究［J］．湖南科技大学学报（自然科学版），2008，23（1）：1-5.
[130] 刘玉德．沙基型浅埋煤层保水开采技术及其适用条件分类［D］．徐州：中国矿业大学，2008.
[131] 田山岗，尚冠雄，唐辛．中国煤炭资源的“井”字形分布格局——地域分异性与资源经济地理区划［J］．中国煤田地质，2006，18（3）：1-5.
[132] 彭苏萍，张博，王佟，等．煤炭资源与水资源［M］．北京：科学出版社，2014.
[133] 武强，董东林，傅耀军，等．煤矿开采诱发的水环境问题研究［J］．中国矿业大学学报，2002，31（1）：19-22.
[134] 孙文洁．煤矿开发对水环境破坏机理和评价及修复治理模式［D］．北京：中国矿业大学（北京），2012：27-40.
[135] 施龙青，辛恒奇，翟培合，等．大采深条件下导水裂隙带高度计算研究［J］．中国矿业大学学报，2012，41（1）：37-41.
[136] 煤炭科学研究院北京开采研究所．煤矿地表移动与覆岩破坏规律及其应用［M］．北京：煤炭工业出版社，1981.
[137] 田山岗，尚冠雄，李季三，等．晋陕蒙煤炭开发战略研究——中国区域煤炭开发战略之新探索［J］．中国煤炭地质，2008，20（3）：1-15.
[138] 高延法．岩移“四带”模型与动态位移反分析［J］．煤炭学报，1996，21（1）：51-56.
[139] 黄庆享，夏小刚．采动岩层与地表移动的“四带”划分研究［J］．采矿与安全工程学报，2016，33（3）：393-397.
[140] 许延春，李俊成，刘世奇，等．综放开采覆岩“两带”高度的计算公式及适用性分析［J］．煤矿开采，2011，16（2）：4-7，11.
[141] 张云峰，申建军，王洋，等．综放导水断裂带高度预测模型研究［J］．煤炭科学技术，

2016, 44 (S): 145-148.

[142] 钱鸣高. 煤炭的科学开采 [J]. 煤炭学报, 2010, 35 (4): 529-534.

[143] 钱鸣高, 缪协兴, 许家林. 资源与环境协调（绿色）开采及其技术体系 [J]. 采矿与安全工程学报, 2006, 23 (1): 1-5.

[144] 钱鸣高. 煤炭的绿色开采 [J]. 煤炭学报, 2010, 35 (4): 529-534.

[145] 武强, 李铎. "煤-水"双资源型矿井建设与开发研究 [J]. 中国煤炭地质, 2009, 21 (3): 32-35, 62.

[146] 申宝宏, 郭玉辉. 我国综合机械化采煤技术装备发展现状与趋势 [J]. 煤炭科学技术, 2012, 40 (2): 1-3, 44.

[147] 王国法. 煤炭综合机械化开采技术与装备发展 [J]. 煤炭科学技术, 2013, 41 (9): 44-48, 90.

[148] 林光侨. 7m 一次采全高综采工作面设备配套浅析 [J]. 煤矿开采, 2010, 15 (2): 29-31.

[149] 宋立兵, 王庆雄. 国内首个 450m 超长综采工作面安全开采技术研究 [J]. 煤炭工程, 2014, 46 (3): 45-47, 51.

[150] 王金华. 中国煤矿现代化开采技术装备现状及其展望 [J]. 煤炭科学技术, 2011, 39 (1): 1-5.

[151] 钱鸣高, 缪协兴, 许家林, 等. 论科学采矿 [J]. 采矿与安全工程学报, 2008, 25 (1): 1-10.

[152] 郑爱华, 许家林, 钱鸣高. 科学采矿视角下的完全成本体系 [J]. 煤炭学报, 2008, 33 (10): 1196-1200.

[153] Guo Wenbing, Xu Feiya. Numerical simulation of overburden and surface movements for Wongawilli strip pillar mining [J]. International Journal of Mining Science and Technology, 2016, 26 (1): 71-76.

[154] 徐平, 周跃进, 张敏霞, 等. 厚松散层薄基岩充填法开采覆岩裂隙发育分析 [J]. 采矿与安全工程学报, 2015, 32 (4): 617-622.

[155] 胡炳南. 我国煤矿充填开采技术及其发展趋势 [J]. 煤炭科学技术, 2012, 40 (11): 1-5, 18.

[156] 张吉雄, 缪协兴, 郭广礼. 矸石（固体废物）直接充填采煤技术发展现状 [J]. 采矿与安全工程学报, 2009, 26 (4): 395-401.

[157] 蔡文, 杨春燕, 林伟初. 可拓工程方法 [M]. 北京: 科学出版社, 2000.

[158] Cai W. Extension theory and its application [J]. Science Bulletin, 1999, 44 (17): 1538-1548.

[159] David K W Ng, Cai W. Treating non-compatibility problem from matter element analysis to extenics [J]. Acm Sigice Bulletin, 1997, 22 (3): 2-9.

[160] Saaty T L, Bennett J P. A theory of analytical hierachies applied to political candidacy [J]. Behavioral Science, 1977, 22 (4): 237-245.

[161] Agapito J F T, Goodrich R. Prefailure pillar yielding [J]. Mining Engineering, 2002, 54 (11): 33-38.

[162] Luo Y. Room-and-pillar panel design method to avoid surface subsidence [J]. Mining Engineering, 2015, 67 (7): 105-110.

[163] Chen G. Investigation into yield pillar behavior and design considerations [D]. Virginia: Virginia Polytechnic Institute and State University, 1989.

[164] Peng Syd S. 煤矿围岩控制 [M]. 翟新献，翟俨伟，译. 北京：科学出版社，2014: 199-252.

[165] 吴立新，王金庄，郭增长. 煤柱设计与监测基础 [M]. 徐州：中国矿业大学出版社，1999: 87-100.

[166] Li Jian, Zhang Jixiong, Huang Yanli, et al. An investigation of surface deformation after fully mechanized, solid back fill mining [J]. International Journal of Mining Science and Technology, 2012, 22 (4): 453-457.

[167] 张吉雄，李剑，安泰龙，等. 矸石充填综采覆岩关键层变形特征研究 [J]. 煤炭学报，2010, 35 (3): 357-362.